玩转

Deep Seek

从入门到精通

王林 著

河北科学技术出版社
·石家庄·

图书在版编目（CIP）数据

玩转 DeepSeek 从入门到精通 / 王林著 . -- 石家庄 ：
河北科学技术出版社，2025. 6. -- ISBN 978-7-5717
-2463-4

Ⅰ . TP18

中国国家版本馆 CIP 数据核字第 2025XE4823 号

玩转 DeepSeek 从入门到精通
WANZHUAN DeepSeek CONG RUMEN DAO JINGTONG

王 林 著

责任编辑	李 虎	
责任校对	徐艳硕	
美术编辑	张 帆	
封面设计	优盛文化	
出版发行	河北科学技术出版社	
地 址	石家庄市友谊北大街 330 号（邮编：050061）	
印 刷	定州启航印刷有限公司	
开 本	710mm×1000mm 1/16	
印 张	12	
字 数	165 千字	
版 次	2025 年 6 月第 1 版	
印 次	2025 年 6 月第 1 次印刷	
书 号	ISBN 978-7-5717-2463-4	
定 价	78.00 元	

PREFACE

前 言

　　随着人工智能（AI）技术的蓬勃发展，基于强大算法和海量数据的 AI 工具不断涌现，逐步改变了人们的思维模式与工作方式。在这一趋势下，DeepSeek 作为新一代大语言模型，迅速吸引了社会各界的关注。与传统的自动化软件相比，大语言模型具备自然语言理解与内容生成双重能力，能在办公、学习、生活等多个领域中发挥显著的作用。目前，社会各界都在强调新兴 AI 工具在提升社会生产力、促进智能化升级方面的重要意义。基于这样的时代背景，笔者编写了这本书，目的是帮助读者在最短的时间内深入了解并熟练运用 DeepSeek，为自我成长和社会进步提供新的思路和动力。

　　全书采用渐进式的架构设计，系统梳理了 DeepSeek 的知识框架与应用路径。入门篇的目的是搭建地基，带您穿透技术迷雾，理解大语言模型运作的本质规律；实战篇为全书的核心模块，每个案例都是效率革命的微型战场；拓展篇进一步拓宽了 DeepSeek 的应用场景，带领读者见识 AI 工具的更多可能性。

　　本书具有三个特点：第一，紧跟当前 AI 时代的发展趋势，关注行业前沿技术与实践动态，将最新的 DeepSeek 研究成果与实际应用案例相结合，使读者对当下大语言模型的应用领域与发展趋势有更加清晰的认识；第二，在结构上精心编排，从基础操作到进阶技巧再到综合性应用场景，层层递进，帮助读者循序渐进地获得系统且全面的知识；第三，从办公、学习、生活、个人规划以及技术拓展等多个维度分析 DeepSeek 的使用方法，既有真实案例，也有深入的策略研究，使读者能在阅读的过程中真正实现"学得会、用得上、想得通、做得精"。

在写作过程中，笔者反复研讨和打磨，以期呈现一部兼具理论深度与实践指导价值的著作。笔者也力图让这本书成为研究与使用 AI 工具的专业人士、学生、教育工作者以及其他对 AI 应用感兴趣的读者的参考书。

本书的写作初衷是为读者提供一个接触和了解 DeepSeek 的有效途径，并在此基础上激发更多人的学习热情与创造力。笔者相信，随着 AI 技术的不断迭代，DeepSeek 的应用场景将更加多元化，人们的认知与实践也会随之不断拓展。希望本书能为您带来全新的启发与思考，无论想要高效办公、提升学习质量，还是想在日常生活中寻求创意和便利，DeepSeek 都可能成为您的助手和伙伴。愿我们携手并进，在 AI 飞速发展的新纪元中共同探索，创造无限可能，赢得更具活力与创造力的未来。

感谢在本书的撰写过程中给予无私帮助的各位专家、学者，他们提供了许多宝贵的学术资源，并持续给予支持；也要感谢在审阅稿件时提出诸多宝贵建议的专业人士，他们使本书的论述更加全面、严谨和深刻。对于所有为本书付出心血和智慧的朋友，再次表示衷心的感谢。受时间与能力的限制，书中难免存在一些不足，敬请广大读者批评与指正，以便在今后的修订和后续研究中不断完善与提升。

CONTENTS

目 录

1

实战篇：DeepSeek 应用实例

拓展篇：学会这些才算精通 DeepSeek

一小时上手
入门篇：DeepSeek

DeepSeek-RI 发布后短短几个月的时间，DeepSeek 的威名已经传遍了大江南北。通过入门篇，我们快速领略一下 DeepSeek 的基础功能与精妙之处。本篇将从最简单的操作入手，逐步揭开大语言模型的神秘面纱。

第1章 简单认识 DeepSeek

DeepSeek 有什么魔力？我们在哪里能用到它？带着这些疑问，我们先简单地认识一下 DeepSeek。

1.1 从大语言模型到 DeepSeek

自"人工智能"这个概念诞生之日起，让机器理解人类语言便一直是研究者的追求目标。

科学家最初设计的对话方法非常简单，就是将一些固定的句式、关键词存到一本"字典"中。机器收到人们发送的消息之后，就会翻开"字典"查找一番，从中选择对应的话语进行回答。这个方式有点类似电话销售的培训手册，"客户如果这样说，就翻到第 30 页，用其中的话术进行回应"。如今看来，这种做法相当笨拙。

事实上，这样的"笨"办法在计算机领域并不少见，以往有不少问题就是用类似的机械式处理方法解决的，可一旦涉及语言，事情就没那么简单了。人类语言系统极其复杂，同一个意思可以用千变万化的方式来表达，若想通过人工——罗列所有表达的可能性，其工作量是极大的。

"人工神经网络"复兴之后，事情出现了转机。通过神经网络，计算机可以模拟人类大脑，搭建无数个"人工神经元"，在芯片与电路的世界中，AI与人类的思考方式逐渐接近。既然学习的对象是神经网络，那么网络规模越大、深度越深，AI的"脑容量"就越大，展现出的"智商"也就越高。

在这种思路下，为了追求更强大的AI，模型的规模越来越大，参数也越来越多。学界和工业界纷纷投入巨资，尝试在更庞大的数据集上训练更大的模型。随着 Transfomer 架构的出现、数据中心与云计算的崛起，以及 GPU、TPU 等专用硬件快速迭代所带来的算力支持，参数量从最初的数百万级别激增到数十亿、数百亿乃至千亿级别。"大力出奇迹"的方式极大地拓宽了模型的"知识面"，使其在通用领域呈现出超越以往任何 AI 的理解能力，这就是"大模型"的由来。

2020 年，OpenAI 发布的全尺寸 GPT-3 以 1750 亿个参数的庞大规模震惊了世界，随之而来的是 AI 性能的全方位提升。其中最重要的一点是它能够"看"懂人类语言，这一点十分重要。具有语言理解能力意味着机器不仅能识别文字，还能将上下文信息综合起来，对语义与意图进行准确把握，从而给出有逻辑、有条理的回答。GPT-3.5、GPT-4 以及其他大型语言模型相继出现，一次又一次刷新了人们对自然语言处理的想象。机器翻译、对话系统、智能写作、数据分析等应用领域随之迎来了更大的突破。

然而，在这种"全能型选手"的光环下，人们逐渐发现了这些大模型的缺陷：一是模型训练消耗的资源过高；二是对于一些专业领域，大模型只能给出常规的回答，很难处理更深入的内容。

行业的反思由此开始。斯坦福大学在《2024 年人工智能指数报告》中指出，近年来训练大型语言模型等基础模型所需的计算资源显著增加，导致计算成本和碳足迹相应上升。OpenAI 的 GPT-4 模型训练耗费了约 7800 万美元的计算资源，谷歌的 Gemini Ultra 模型训练成本更高，约为 1.91 亿美元，但相应的实际商业价值转化率却不足 15%。企业逐渐意识到，与其追求"什么都能聊"的 AI，不如聚焦"高效能"的 AI，而 DeepSeek 正是在这一浪潮中诞生的"中国力量"。

采用了新架构与新训练方法的 DeepSeek 不仅降低了部署成本与算力消耗，而且在垂直领域具有惊人的逻辑推理能力。更让人欣喜的是，杭州深度求索人工智能基础技术研究有限公司的技术团队开源了这个大模型。回过头来看，DeepSeek 的爆火是"意料之外，情理之中"的事。

1.2　DeepSeek 怎么用

目前比较便捷的 DeepSeek 入口主要有三个，这一节对这些入口进行简单介绍。

1.2.1　官方 Web 入口

官方 Web 入口，即平时所说的官方"网页版"。在搜索网站中输入"DeepSeek"，即可找到网页版的网址（图 1-1）。这里要注意分辨哪个是官方的入口，目前有很多"山寨版"网站，不要选错了。

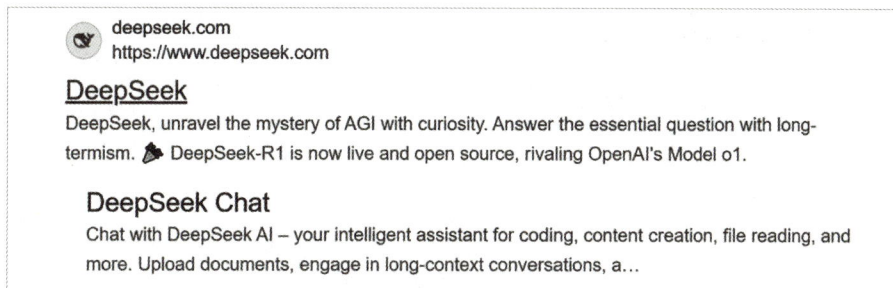

> deepseek.com
> https://www.deepseek.com
>
> **DeepSeek**
>
> DeepSeek, unravel the mystery of AGI with curiosity. Answer the essential question with long-termism. 🐋 DeepSeek-R1 is now live and open source, rivaling OpenAI's Model o1.
>
> **DeepSeek Chat**
>
> Chat with DeepSeek AI – your intelligent assistant for coding, content creation, file reading, and more. Upload documents, engage in long-context conversations, a...

图 1-1　网页搜索结果

点击官方 Web 入口后进入欢迎页面（图 1-2）。在页面中部有两个选项，点击左侧的"开始对话"可以进入网页版的登录/使用页面，右侧的"获取手机 App"是手机端 App 的获取渠道之一，后续会讲到手机端。

图 1-2　欢迎页面

如果没有注册，点击"开始对话"后进入注册页面，使用手机号即可完成注册，因为操作简单，不再细说。下面我们看一下 DeepSeek 网页版的初始使用页面（图 1-3）。

图 1-3　初始使用页面

1.2.2　官方移动端入口

移动端是指手机、平板电脑上下载的 App。除了扫描官方网站首页"获取手机 App"弹出的二维码，也可以在移动端应用商店中下载（图 1-4）。

图 1-4　扫描官方网站二维码弹出的下载页面

移动端的软件界面与 Web 端没有太大的区别，使用方式也是一样的（图 1-5）。

图 1-5　移动端 App 界面

1.2.3 第三方入口

除了官方入口，目前很多第三方平台接入了 DeepSeek，如 WPS 的灵犀（图 1-6）和腾讯的元宝（图 1-7）。

图 1-6　WPS 灵犀

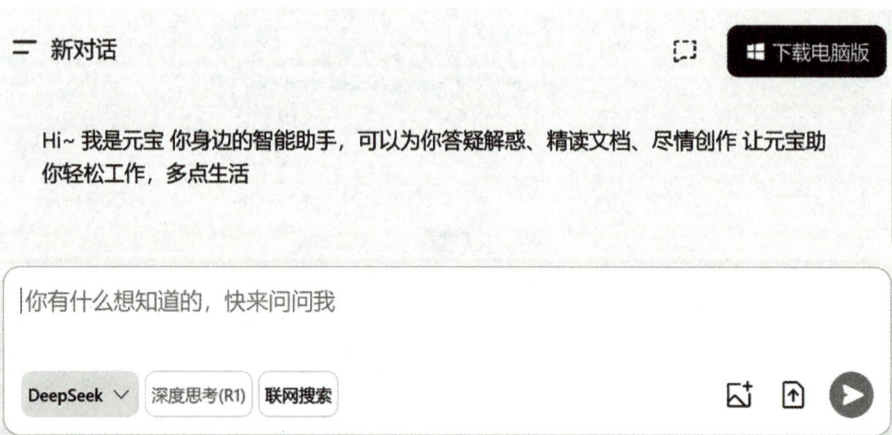

图 1-7　腾讯元宝

使用第三方平台的好处是很少出现"服务器繁忙"的情况，但是缺点也很明显，笔者使用之后发现，在这些平台上 DeepSeek 的性能可能会打折扣。

更加复杂的登录方式本书就不提及了，读者可以根据自身情况选择这些平台。

1.3 DeepSeek 有哪些功能

就回答方式而言，DeepSeek 包括默认模式、深度思考模式以及联网搜索三种方式（图 1-8）。

图 1-8 DeepSeek 的模式开关

深度思考模式与联网搜索模式需要用开关开启。深度思考模式与默认模式是互斥的，在不开启深度思考模式的时候，DeepSeek 回答问题时用的是默认模式。

联网搜索模式可以随时被开启或关闭，这个模式下，DeepSeek 在回答问题时首先在互联网上搜索相关资料，再根据资料进行回答。

默认模式与深度思考模式其实使用了 DeepSeek 的两个不同模型。默认模式使用的是 DeepSeek-V3 模型，深度思考模式使用的是 DeepSeek-R1 模型。

DeepSeek-R1 模型建立在 DeepSeek-V3 模型之上，在回答问题的时候会自动将问题拆解为多级子任务，建立因果推理链条，逐步验证假设并修正结论。DeepSeek-R1 模型还内置了动态评估机制，可对中间推理步骤进行可信度打分，若发现逻辑漏洞或矛盾，会自动回溯至关键节点重新推导，确保最终结论的可靠性。

简单地说，深度思考模式降低了对问题精准度的要求，即便用户只简单地描述需求，该模型也能自主解析任务目标与约束条件，从而得到质量较高的回答。

在聊天界面中还有一个回形针符号（图 1-9）。

图 1-9　上传文件

这个按钮的作用是将本地文档上传给 DeepSeek。DeepSeek 支持 PDF、Word、Excel、PPT、TXT 等文件格式，并能从中提取和分析信息。

这项功能在实际操作中极其重要，在很多使用场景中，我们需要上传背景资料、文本数据，以便 DeepSeek 生成符合要求的内容。

第 2 章 提示词的千层套路

本章聚焦于如何与 DeepSeek 对话。在阅读时，建议读者打开电脑／手机上的 DeepSeek，跟着步骤体验提示词的撰写过程。

2.1 写好"提示词"重要吗

什么是提示词？简单地说，提示词就是我们与 DeepSeek 交流的时候所输入的话语。

> "你好 DeepSeek，请你介绍一下自己。"
>
> "太阳系到底有几颗行星？"
>
> "帮我整理出最近 10 天的娱乐圈新闻。"

人们在日常生活中之所以能够顺畅地交流，所依赖的是上下文与具体场景。与 DeepSeek 这类大模型互动时，我们输入的问题和指令也具有提供上下文信息与具体场景的作用。虽然 AI 可以读懂人类的语言，但是"语言"这种工具带有天然的不确定性和歧义性。这不会对简单的问题产生太大的影响，但是会降低 AI 对复杂问题的回答质量。比如，在聊一些家长里短的话题时，只要对话能够表达出大致的意思即可。可一旦涉及学术领域话题，便要求语言具有较高的严谨性。

虽然 DeepSeek 的深度思考模式在一定程度上降低了对提示词的要求，但这只是让 DeepSeek 在面对比较差的提示词时能够做出更好的回答，优质的提示词同样能提高 AI 的内容输出质量。

学会提问才是精通 AI 工具最重要的开始，综合来说，想要获得优秀的答案，我们就必须提高自己的提示词编写技巧。

2.2 从最简单的问题开始

这一节从一个简单的问题开始 DeepSeek 之旅（图 2-1）。

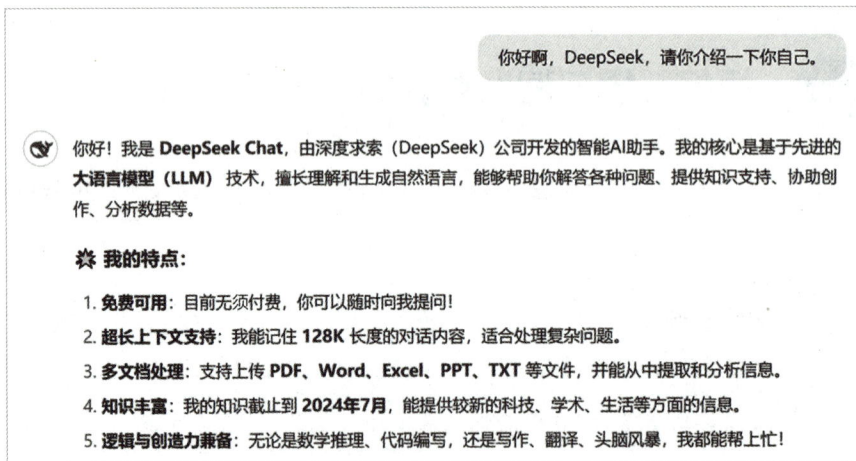

> 你好啊，DeepSeek，请你介绍一下你自己。
>
> 你好！我是 **DeepSeek Chat**，由深度求索（DeepSeek）公司开发的智能AI助手。我的核心是基于先进的**大语言模型（LLM）**技术，擅长理解和生成自然语言，能够帮助你解答各种问题、提供知识支持、协助创作、分析数据等。
>
> ✿ **我的特点：**
>
> 1. **免费可用**：目前无须付费，你可以随时向我提问！
> 2. **超长上下文支持**：我能记住 **128K** 长度的对话内容，适合处理复杂问题。
> 3. **多文档处理**：支持上传 **PDF、Word、Excel、PPT、TXT** 等文件，并能从中提取和分析信息。
> 4. **知识丰富**：我的知识截止到 **2024年7月**，能提供较新的科技、学术、生活等方面的信息。
> 5. **逻辑与创造力兼备**：无论是数学推理、代码编写，还是写作、翻译、头脑风暴，我都能帮上忙！

图 2-1　跟 DeepSeek 说"你好"

跟 DeepSeek 的交流就是这么简单。即便是如此简单的对话，我们依然能给提示词挑出毛病：在这句提示词中，有一些内容是多余的。这句提示词可以简化。

> 请介绍一下你自己。

在不损失原意的情况下，提示词越简练越好。更进一步地说，提示词的好与不好是有参考标准的。

2.2.1 提供背景信息

> 不好的提示词：
>
> 告诉我全球经济的现状。
>
>
> 好提示词：
>
> 请从国际贸易、通货膨胀率及主要发达国家 GDP 增速三个方面，简要概括近两年的全球经济现状，并给出进一步关注的关键领域。

第一个提示词没有指明关注的重点，也没有指定任何时间或主题范围，模型返回的内容就会十分笼统。而第二个提示词给出了时间范围、分析角度和关键信息点，模型可以有针对性地展开分析。

2.2.2 指定写作要求

> 不好的提示词：
>
> 帮我写一段关于环保的内容。
>
>
> 好提示词：
>
> 以科普的语气，写一段 200 字左右的文字，强调环保对城市可持续发展的重要性，同时用一两个事实数据来增强说服力。

第一个提示词过于简单，模型会随机生成相关内容，无法确定语气和结构。第二个提示词提出了明确的写作目标，包括字数、语气、主题与证据形式，输出内容会更聚焦且更具说服力。

2.2.3　结构化设计

> 不好的提示词：
>
> 介绍一下中国古代四大发明。
>
> 好提示词：
>
> 按照名称、出现朝代、主要应用领域和对后世的影响四个方面，列出表格介绍中国古代四大发明，并在每个方面给出一句简要说明。

第一个提示词虽然问题明确，但未说明需要从哪些角度介绍，也没有指定输出结构。第二个提示词不仅指定了需要输出哪些信息，还要求使用表格形式，使回答更直观、更有条理。

2.2.4　多角度拆解

> 不好的提示词：
>
> 对人工智能行业的前景进行分析。
>
> 好提示词：
>
> 请从技术突破点、商业应用场景以及潜在的社会与伦理挑战三个角度，对人工智能行业未来五年的发展前景进行分析，并给出可能的应对策略。

第一个提示词缺少具体维度，模型无法判断"前景"具体指的是哪个层面。第二个提示词明确列出了需要关注的三大维度和具体的时间范围，方便模型从多个维度展开论述，也要求其给出可行性建议。

2.2.5　思路引导

> 不好的提示词：
>
> 为什么人们会选择学编程？
>
> 好提示词：
>
> 从职业发展、兴趣驱动与行业需求三个方面分析人们选择学习编程的主要原因。请在分析过程中，逐步说明每个方面如何影响个人决定，并给出可能的学习路径建议。

　　第一个提示词的问题很宽泛，很难深入探讨。第二个提示词为模型设定了三大主题，并引导模型给出分步分析与具体建议，让回答更全面、深入。

　　从上面这些例子可以看出，所谓"好"的提示词，就是语言更精准、逻辑更清晰、需求更明确、角度更精确的提示词。那么，我们能否从中提炼出一套提示词的编写格式呢？这就是下一节要探讨的内容。

2.3　更好的提问格式

　　在与 DeepSeek 进行对话互动的过程中，简单而直接的问答方式无法充分激发大模型的潜能。如果我们想要得到一个条理清晰、思路缜密的回答，就需要在提示词上进行精细设计，从而让 DeepSeek 能够"分块理解"并按照一定的逻辑顺序输出答案。这就是结构化提示词的意义。

　　我们需要在提问时巧妙地嵌入层次、要点和目标，引导 AI 按照人类理想的思考方式去组织信息。说到底，我们并不希望 DeepSeek 通过东拼西凑给出问题答案，而是希望它借助自身深厚的语料基础和推理能力，呈现系统化的见解。

在初学时，我们可以把结构化提示词当作一种列点式的问法，即将问题拆分成若干个子问题。这确实是一个良好的起步，但结构化提示词并不局限于简单的子项目组合，还包含如何设置上下文、如何递进式地提出要求，以及如何在一句或几句话中嵌入逻辑关键点。

先看一个简单的提示词公式。

背景—需求—限制条件—期望输出

把这个公式讲得更详细一点，也就是提示词应该包含以下几个要素。

（1）我是谁 / 我正处于做某件事情的过程中。

（2）我需要某个结果。

（3）我想要得到的结果需要在哪些限制条件之下。

（4）我想要以怎样的格式 / 形式输出这个结果。

接下来用一个例子来展示这个结构。

【角色】资深营养师。

【任务】为糖尿病患者设计七日食谱。

【要求】

（1）总热量控制在 1800 kcal/日；

（2）标注升糖指数；

（3）附带采购清单。

【输出格式】Markdown 表格。

这种提示词格式可以将原本零散的信息进行结构化排列，从而告诉 DeepSeek 我们期望它按照怎样的顺序、层级进行回答，可以显著提高对话的针对性和深度。

为什么这种方法会奏效呢？大模型在处理文本时，会根据提供的上下文和逻辑线索来建构回答内容。如果提示词中嵌入了清晰的结构提示，模型就能依照此思路有序地调动数据库和训练记忆。这样，它不必在回答时反复猜测你想从哪里开始、在哪里结束，也不必纠结如何分配篇幅和重点。如果我们告诉 DeepSeek 在回答时如何使用小标题，或者按照一定的逻辑顺序列举要点，它就能为每部分提供更具针对性的解释、论据和案例。相比于随口一问，这无疑能让回答更富条理性与可读性。

并不是只有在复杂的情境下才需要结构化提示词，实际上，就算在简单的对话中，我们也可以通过这种方式让 DeepSeek 更准确地理解问题。只要在提问时隐含一两个清晰的子目标，或者指定格式，它就会按照提示回答。

举例来说，如果想让 DeepSeek 用五句话概括一篇长文的要点，那么不妨在提示词中这样写：

> 请先说明文章主题，再解释作者的主要观点，然后引用一个例子来说明该观点的影响，最后总结整篇文章的意义。请在五句话内完成。

这个简单的提示词带有可执行的结构指令，DeepSeek 需要先总结文章主题，然后提炼主要观点并配合案例，最后用一句话归纳。这种"分模块"的写法，让它更容易针对每个环节给出简明扼要的描述，也不会输出过多无关信息。

从本质上讲，结构化提示词是一种人机对话的思维设计。通过它，我们能够告诉 DeepSeek，不仅要输出什么样的结论，还要在回答的过程中呈现怎样的思考过程与内容层次。这让原本看似"黑箱"的 AI 回答变得更加透明、有据可依，甚至还能引导用户在阅读回答内容时更好地吸收其中的价值信息。用文字来构建思路蓝图，实际上也能训练我们对问题的表述能力。

无论提示词设计得多么精巧，AI 的输出能力总是有上限的。当我们使用 DeepSeek 解决十分复杂的任务时，AI 的单次输出只有两三千字，这显然是不够的。况且对于 DeepSeek 来说，让它一次就把复杂任务从头到尾解释清楚也是不现实的。这时，我们需要在提示词的结构化基础上进行任务的结构化分割。

2.4 复杂问题该如何提问

用一句话表述的任务背后往往隐藏着错综复杂的条件背景以及执行步骤。即便我们尽心尽力地写出精确的提示词，往往也会超出 DeepSeek 的处理能力。

> 请帮我完整地策划一场关于环保的线上公益活动。

如果要真正地发挥 AI 的深度推理与系统思考能力，我们需要学会巧妙地拆解问题，把庞大的难题分解成可管理的小单元，然后在提示词中按逻辑顺序交给 AI 处理。

具体地说，就是按照先总后分的顺序，即先让 DeepSeek 列出解决问题的大纲，把需求拆解为几个不同的部分。

> **用户：**
>
> 公司想举办一场关于环保的线上公益活动，请你先帮我整理出流程大纲。
>
> **DeepSeek：**
>
> 以下是为您整理的环保主题线上公益活动流程大纲，分为五个阶段，包含实用细节与创新点。
>
> 一、前期筹备阶段（活动前 1～2 个月）
>
> 1. 明确活动核心目标
>
> 示例：提升公众垃圾分类意识、推广低碳生活方式、为环保项目筹款。
>
> 确定主题：如"零废弃生活挑战""地球一小时创意行动"。

2.组建执行团队

分工建议：总策划（1人）、内容组（文案＋设计）、宣传组（新媒体运营）、技术组（直播、平台管理）、外联组（嘉宾对接）。

3.内容策划与资源整合

（1）核心环节设计。

主题演讲：邀请环保博主／科学家分享"塑料污染解决方案"。

互动实验：直播演示家庭厨余堆肥教程。

创意征集：发起"变废为宝"手作作品线上展览。

资源清单：制作电子版"环保行动指南"、设计活动专属虚拟勋章（用于社交媒体分享）。

（2）技术平台选择。

推荐组合：Zoom（主会场）＋哔哩哔哩（直播引流）＋微信群（实时互动）。

二、宣传推广阶段（活动前3周～1周）

……

三、活动执行阶段（当天流程示例）

……

四、后续运营阶段（活动后1～2周）

……

五、创新升级建议

……

此框架兼顾专业性与参与感，可根据预算和资源灵活调整。需要具体某环节的深化方案（如嘉宾邀请话术、应急预案清单），可进一步沟通！

这个时候，最好的方法是在提示词中明确告诉DeepSeek我们最终的诉求，为后续对话设立一个框架，让它知道我们要做什么。

有了整体框架之后，再让 DeepSeek 依次分析每一阶段中的内容。如果框架中的某一点依然需要细分，采用同样的拆分思路，直到将任务拆解为"最小的原子"，这个时候就可以让 DeepSeek 逐步解决问题了。

用户：

先从前期筹备阶段开始。首先是第 1 点明确活动核心目标，公司希望聚焦海洋方面的环保主题，请你帮我分析有哪些主题可以选择。

DeepSeek：

以下是针对海洋环保主题的细化方向分析，涵盖主流议题、创新角度及潜在活动形式，帮助您精准定位核心目标。

一、海洋环保主流议题分类

核心问题	可聚焦的主题方向	适用活动形式	目标人群
塑料污染	减少海洋塑料、微塑料治理	海滩清洁直播挑战、塑料再生设计展	公众、学生、设计师
过度捕捞	可持续渔业推广、保护濒危物种	渔民转型故事纪录片、海鲜消费指南发布	消费者、餐饮企业
珊瑚白化	珊瑚礁生态修复	科学家连线科普、虚拟珊瑚种植互动游戏	潜水爱好者、青少年
石油泄漏	突发污染应急响应	应急技术模拟演示、志愿者线上培训系统	环保组织、企业社会责任部门
海洋酸化	气候变化与海洋健康	数据可视化展览、低碳生活承诺签名	政策研究者、教育机构
生物保护	守护海洋旗舰物种（如海龟、鲸）	领养虚拟海洋生物、追踪迁徙路线直播	亲子家庭、动物爱好者

二、创新主题设计（差异化思路）

1. 看不见的威胁：聚焦微塑料

切入点：通过显微镜视角展示日用品中的微塑料（磨砂膏、合成纤维衣物）。

行动号召：发起一周无塑料日化挑战＋发布"微塑料避坑指南"。

资源需求：需联合实验室提供显微拍摄技术支持。

> 2.海底银行计划：渔业资源再生
>
> 概念包装：将可持续捕捞量转化为海洋资产，用户通过低碳行为积累生态积分兑换虚拟鱼类投放。
>
> 合作方：渔业协会＋区块链技术公司（实现数据透明）。
>
> ......
>
> 三、主题选择评估维度
>
> ......
>
> 四、推荐方案（根据常见需求层级）
>
> ......
>
> 五、风险预判
>
> ......

想要在拆解问题时进一步激发 DeepSeek 的潜能，还可以引导它进行总结。比如，在每一个小环节讨论结束时，可以继续提出要求。

> 请你简要概括这一部分的关键结论，并提出你认为尚需要进一步确认或讨论的疑点。

这样做可以使 DeepSeek 主动地对自己给出的答案进行复核，并为后续话题提供更多的思考方向。对于规模较大、步骤繁多的任务，这种自我复盘式互动尤其有用，你会惊讶地发现，AI 自己也能提出一些你没有想到的潜在问题，令你的思考更加完善。

AI 的能力是从海量文本中学习关联知识和推理框架，但它仍然需要人类指明先后顺序及侧重点。这并不是说 DeepSeek 本身缺乏能力，而是由于它能够思考的维度极为宽广，若没有良好的引导和拆解，就容易失去焦点，在回答中混杂次要信息。只有我们学会把问题分成合理的模块，让 AI 在一个个子任务中持续迭代，才能得到既全面又深入的回答。

2.5　想要改变 AI 的"文风"该怎么办

　　不同类型的文本对语言风格的要求是不一样的。如果只是让 DeepSeek 帮我们列出工作计划，那么采用什么文风都无所谓，只要自己能够看明白即可。但如果让 DeepSeek 生成法律、邮件内容，或者写小说、公众号文章，那么语言风格的选择就十分重要了。

　　一般来说，当要求 DeepSeek 创作某一类型的文稿时，它会自动调用适合当前文稿的通用语言格式进行书写。如果想让 DeepSeek 的输出内容偏向某一种语言风格，我们就要在提示词中明确告诉 AI 采用的写作风格和基调。

> "请你使用轻松诙谐的口吻创作一篇科普类文章。"
>
> "请你使用严肃的学术口吻创作一篇分析报告。"

　　也可以进一步强调文章的框架，让 DeepSeek 输出的内容在整体结构和语言节奏上更贴近自己的设计。

> 　　请将结论放在开头，后面再通过分段论证，引用一些常见的数据和案例。

　　还可以给出一段示例文本，让 DeepSeek "借鉴"其中的语言特点。比如，如果你希望它模仿某位作家的写作风格，可以摘取该作者一小段有代表性的文字，放在提示词里并告诉 DeepSeek：

> 　　请你模仿下面段落的行文方式、语气和节奏，替我写一篇关于同主题的短文。

　　在这种情况下，DeepSeek 会从示例中提取关键的词语风格、句式结构、修辞手段等，进而生成相似的内容。越是独特、复杂的风格，就越需要丰富的示例和多轮的指导，只有这样 DeepSeek 才能生成相似风格的内容。

另一种改变文风的思路是利用深度思考和对话的连贯性，让 DeepSeek 在回答中扮演相应的角色。我们可以在对话开始时就告诉 DeepSeek：

> 你现在是一位思维敏捷又略带讽刺意味的评论家，善于用尖锐的言辞加以批判，但又不失幽默。接下来，我会给你一些话题，请你保持这个语言风格来回答。

通过这种角色设定，DeepSeek 能在整个问答过程中持续使用相对统一的人设元素，给出风格连贯且独特的内容。若发现 DeepSeek 偶尔"跑偏"了，可以在后续提示中进行微调，比如指出它在某些回答中不够"讽刺"或不够"轻快"，从而一步步逼近理想的文风。

在尝试的过程中，我们发现 DeepSeek 撰写的内容有时与我们的要求"契合度"很高，有时则略显生硬。DeepSeek 虽是大模型，但它有自己的语言偏好，对某些风格掌控得更好，比如学术、官方报告等内容。而对于那些特殊的写作风格，我们需要在提示词中提供更多的细节示例以及更细化的语气要求，让 AI 在生成过程中有足够的语料参照。你也可以采取"少量多次"的方式，通过多轮对话逐渐迭代出理想的文风，而不是一次提问就立刻得到完美的结果。每一轮追加的提示都是在为 DeepSeek 提供更多的素材，帮助它更好地理解你所说的"某种文风"。

DeepSeek
应用实例

实战篇：

接下来正式进入实战演练环节。需要注意的是，书中提供的是经简化的例子，重点在于展示思路。

对于复杂的任务，一定要做好资料收集与上传工作，并且要告知 DeepSeek 资料的主体内容是什么，这样 DeepSeek 才能理解资料的功用。假如不清楚需要哪些资料，也可以直接向 DeepSeek 提问，让它根据任务的内容列出所需资料清单。

第 3 章　DeepSeek 在办公中的应用

本章主要围绕日常办公场景展开，介绍如何利用 DeepSeek 提升办公效率、优化沟通协作、进行数据分析与决策支持，其中既有常用应用场景，也包含进阶的自动化与流程化示例，帮助读者在办公中用最少的时间产出高质量的成果。

3.1　智能邮件撰写

在现代办公环境中，邮件依然是最主要的沟通方式之一。撰写一封高质量的邮件需要花费大量的时间和精力，既要确保表达恰当，又要突出重点、简洁明了。本节将介绍如何利用 DeepSeek 缩短邮件撰写时长、提升沟通效率与专业度，帮助读者在繁忙的工作中从容不迫地进行各种邮件往来。

3.1.1　常见邮件编写场景

在实际工作和生活中，我们会遇到多种类型的邮件需求。以下示例覆盖了几个高频场景，读者可根据需求在 DeepSeek 中进行定制化撰写。

1. 日常工作邮件

这类邮件通常包括进度汇报、会议安排、任务跟进等。写作重点在于内容简明扼要，突出关键信息，方便收件人迅速了解并采取后续行动。

提示词示例：

> 请帮我写一封发给团队成员的内部邮件，内容包括本周完成的主要任务、下周的工作安排，以及需要大家配合完成的要点。邮件风格要简洁明了，语气稍显正式，带来激励团队合作的积极氛围。

2. 客户/商务邮件

客户关怀、商务推广、项目合作等邮件需要正式、礼貌且逻辑清晰的表达，以体现对合作伙伴或客户的尊重，并展示专业形象。

提示词示例：

> 帮我撰写一封商务邮件，收件人为某大客户经理，主要内容是介绍我们的新产品升级方案和优惠活动，重点突出升级方案的核心优势和可以给他们的业务带来的实际收益。语言风格要正式且有说服力，结尾要对对方的支持表示感谢。

3. 公告/通知类邮件

公司动态、政策更新、紧急通知等邮件需要在标题与正文中都强调要点，确保读者在最短时间内了解通知的核心内容和执行要求。

提示词示例：

> 请生成一封公司内部通知邮件，标题为"新考勤管理制度上线"，需要明确说明新制度生效时间、适用范围、员工须知以及如有疑问可联系的部门或负责人。语言风格务必简洁直观，保证员工能在第一时间理解新制度的要点。

4. 特殊场景邮件

感谢信、邀请函、道歉信、售后服务等邮件更偏向礼仪化或情感化表达，内容需要更具温度和关怀，给收件人留下良好的印象。

提示词示例：

> 　　帮我写一封给合作伙伴的感谢邮件，我们的联合活动顺利结束，想对他们的支持和努力表示诚挚感谢，并期待后续的深度合作。邮件语气要友好热情，同时要保持一定的商务礼仪感。

虽然以上场景类型不同，但其内在的写作逻辑无外乎"明确诉求—梳理重点—合适的语言风格—准确无误的内容"。DeepSeek 能在生成初稿时直接体现这些要点，帮助我们快速完成第一版邮件内容，再辅以人工审校实现高水平成品。

3.1.2　生成邮件初稿的操作流程

为了直观地展示如何借助 DeepSeek 进行智能邮件写作，这里将整个操作流程分成五个步骤。

1. 明确目标

在撰写邮件前，首先需要对收件对象和核心诉求进行梳理。如果是团队内部邮件，要重点强调进度和行动项；如果是面向客户或合作伙伴的邮件，则要突出对方关心的要点和利益。

操作重点：

（1）分析收件对象（如内部同事/领导、客户、合作方）；

（2）明确写邮件的最终诉求（如信息沟通、任务安排、请求帮助）；

（3）梳理所需传达的核心信息与辅助细节。

提示词示例：

> 　　我需要给公司高层领导写一封邮件，汇报最近项目的核心进展，希望他们了解我们的产出成果并给予一些资源支持。请列出这封邮件的关键要点和需要体现的语气风格。

只有在提示词中交代"目标 + 受众 + 重点"，DeepSeek 才能在后续生成内容时精准对齐需求，写出符合场景的文字。

2. 结构化输入

当明确了邮件的收件人、需求和整体思路后，我们就可以在提示词中逐条写明"邮件主题""主要沟通要点""预期语气风格""专业术语或行业关键词"等关键信息。如果需要展示特殊数字、技术细节或法律条款，也应在此时一并提供。越详细的输入往往能使 DeepSeek 生成的初稿更贴合需求，也能减少后续修改的次数。

操作重点：

（1）整理并列出"主题""收件人立场（如客户／领导）""主要诉求""关键数字或专业概念"等关键信息；

（2）指明文风偏好（正式／友好／简洁／详细等）；

（3）若涉及技术或法律领域，可提前罗列相关术语或引用文献。

提示词示例：

> 我想给新客户写一封邮件，主题是"产品试用邀请"，需要包含以下要点：
>
> （1）产品核心功能介绍；
>
> （2）试用流程和时间安排；
>
> （3）任何技术方面的问题都可以与我们联系；
>
> （4）希望表达对合作的期待和诚意。邮件风格要简明且专业，含少量技术术语。

这种分条列出的结构化输入，使信息要点一目了然，有利于 DeepSeek 在生成时有的放矢。

3. 生成初稿

基于上述输入，DeepSeek 会生成第一版邮件文本。此时要先查看邮件的整体结构和逻辑，判断是否遗漏了要点，或是否需要对行文风格进行调整。若发现不足，可以针对具体问题继续向 DeepSeek 追加提示，促使它在第二版或第三版中逐渐修正并完善内容。

操作重点：

（1）检查 DeepSeek 生成的邮件是否涵盖所有重要信息；

（2）判断有无缺失或不恰当的表述；

（3）为后续补充或纠正做准备。

提示词示例：

> 请根据我提供的收件对象、邮件主题和核心要点，生成邮件初稿。邮件开头要有简要问候，中间要清晰阐述试用邀请和操作指引，结尾表达感谢和期待。控制在 300 字左右。

在这一步骤，DeepSeek 向我们提供了邮件的初始版本，接下来针对文本细节进行反馈。

4. 重点调整与高效润色

我们可以利用 DeepSeek 的迭代能力对初始版本进行润色。如果经常处理此类型的邮件，我们可以将常见模板（如会议邀请、客户致谢）保存为"DeepSeek 模板"，之后只需要更新核心信息。在多次迭代过程中，可以反复提示 DeepSeek 优化"语气""逻辑顺序"或"专业词汇"等，使邮件既符合预期又具有个人或企业风格。

操作重点：

（1）追加提示，具体说明想要修改的内容或风格；

（2）使用"模板"或"常用表达库"，避免重复劳动；

（3）多次迭代时，可先聚焦最关键内容的调整（如核心信息、礼貌用语），再逐步修改细节。

提示词示例：

> 在现有的邮件初稿基础上，请将语气调整得更热情一些，并在末段增加一句对客户公司未来发展的认可。邮件篇幅可适度增加，但仍保持条理清晰。

这种方式能够让 DeepSeek 在保留原有结构的同时，根据指定方向进行精准改写，逐步接近你期望的理想效果。

若面对的是跨文化或者专业度较高的场合，应格外关注行业术语是否正确使用，以及措辞是否礼貌得体。

5.终稿与发送

经过前面的检查与润色，我们已得到相对完整的邮件文本了。此时务必注意一些容易被忽略的细节。

（1）邮件主题是否明确且简洁；

（2）签名和落款是否符合收件人预期（尤其是对外商务邮件）；

（3）是否附上正确的文件和链接。

只有经过最终审读，我们才能确保邮件内容不会产生误解或遗漏信息。

3.1.3　综合案例

为了让读者更好地理解利用 DeepSeek 写作邮件的具体流程，下面给出一个完整的示例。此示例场景为"项目阶段汇报邮件"，目标对象是外部客户，邮件主要内容包括项目进展、后续计划以及需要对方配合的事项。示例中会呈现提示词的写法，并展示 DeepSeek 给出的回答内容，帮助读者直观感受人机协作的过程。

1.情境设定

> 收件人：合作公司的项目负责人；
>
> 邮件主题：项目 A 阶段性进展汇报；

语气风格：正式且简洁；

主要诉求：告知当前进展、下阶段计划，需要对方在关键资源上给予支持。

2. 提问示例

以下为向 DeepSeek 输入的初始提示词示例（第一次提问），以及生成的邮件初稿。

用户：

帮我写一封面向合作客户的邮件，主题是"项目 A 阶段性进展汇报"，需要包含以下内容。

（1）项目已完成的阶段性目标和数据；

（2）下一阶段工作安排；

（3）需要客户方配合的资源或信息；

（4）对客户长期以来配合的感谢。

语言风格要正式、简洁，句子不要过长，可以适当使用专业词汇，但要保证易读。

DeepSeek：

尊敬的王先生：

感谢贵方一直以来对项目 A 的支持与配合。目前，我们已顺利完成第一阶段目标，包括实现核心功能模块的初步研发，并对关键性能指标进行测试，结果显示各项参数基本满足预期要求。

接下来，我们计划在下一阶段着重优化系统稳定性，并进一步完善用户界面的交互设计。为确保顺利推进进度，还需贵方协助提供相关行业数据及测试环境的技术规范，以便我们能在应用场景中进行更精准的功能验证。

再次感谢您对此项目的关注与支持，如有任何疑问或需要更多信息，请随时与我联系。

此致

敬礼

张明

×××公司项目组

可以看到，这封邮件初稿已经涵盖了大部分核心要点，但若我们想进一步加强"下一步风险提醒"或"具体日期"方面的信息，可以在后续对话中追加指令。

3. 追加提示并优化

如果我们认为上述初稿缺少具体进度时间表和可能的风险提示，便可以再次向 DeepSeek 提出要求，如下所示。

用户：

在邮件中添加具体的目标完成时间，以及指出项目可能面临的风险，语言风格依然保持正式、简洁。

DeepSeek：

尊敬的王先生：

感谢贵方对项目 A 一直以来的支持与配合。现阶段，我们已完成核心功能模块的研发工作，并通过初步测试验证了系统性能，各项指标达成率为 90%。

在接下来的两周内，我们计划对系统稳定性进行进一步优化，并在 6 月 30 日前完成用户界面的交互改进。需要贵方尽快提供详细的行业数据和测试环境说明文档，以帮助我们在真实场景中完成验证，降低潜在的兼容性风险。

此外，由于行业规范较复杂，若关键数据无法及时到位，项目上线时间可能相应延迟，敬请留意并与我们保持密切沟通。

　　感谢您对本项目的理解与支持，期待与贵方继续保持良好的合作关系。

　　此致

敬礼

张明

×××公司项目组

　　在此优化版本中，DeepSeek 不仅插入了具体的时间表，还对"风险"进行了提示，进一步提升了邮件的实用性。

　　收到优化版本后，我们需要在人工审校环节关注以下问题。

　　（1）是否能够在 6 月 30 日前完成既定任务？

　　（2）是否需要补充或修改客户需要提供的数据范围？

　　（3）是否需要根据客户偏好调整某些措辞？

　　确认无误后，就可以将该邮件发送给客户了。

3.2　报告与文案自动生成

　　高质量的报告与文案能够帮助企业有效传递信息、分析问题并推动业务发展，撰写此类内容往往需要专业知识与较长的写作时间。借助 DeepSeek，用户不仅可以快速生成初稿，还能通过多次迭代和润色完善文本，使其更符合目标场景和专业要求。本节将介绍常见的报告与文案的应用场景、撰写流程与关键技巧，并通过案例演示如何利用 DeepSeek 完成从数据收集到成稿的全过程。

3.2.1　常见报告与文案场景示例

以下列举了数种在企业和职场环境中常见的报告或文案类型，并分别提供了一个提示词示例，帮助读者更好地理解如何对 DeepSeek 进行定向输入。

1. 项目总结报告

这类报告适用于展示各类项目的阶段性进展、成果、存在的风险与改进建议等，常用于对内或对客户进行阶段回顾。

提示词示例：

> 　　请帮我写一份项目总结报告，主要内容包括完成的任务列表、取得的关键成果、遇到的问题和解决方案，以及后续优化建议。整体文风要客观、简洁，突出数据与事实依据。

2. 市场／行业分析文档

这类文档需要整合各类市场数据和行业趋势，并进行洞察式分析，常用于对外营销或对内战略研讨。

提示词示例：

> 　　帮我撰写一篇行业分析报告，目标领域为新能源汽车市场。报告需包含市场规模、主要竞争对手、未来发展趋势以及核心挑战，写作风格以专业、客观为主，并需要引用一些权威数据。

3. 产品宣传文案

这类文案聚焦产品的营销推广，包括用户使用场景描述、优势卖点提炼、差异化竞争点等，语言需要兼具吸引力和易读性。

提示词示例：

> 　　请为我们最新发布的智能家居产品撰写一篇宣传文案，重点突出节能环保、便捷易用和智能化优势，可使用一些营销语言，以吸引消费者的兴趣。

4. 内部培训资料

该资料用于对内分享知识要点、操作流程及常见问题解答（FAQ），注重可读性和实用性，让同事或新员工快速掌握相关技能或规范。

提示词示例：

> 　　帮我整理一份内部培训材料，用于为新员工介绍公司的财务报销流程和常见问题。语言应尽量简单易懂，列出关键步骤并提供常见错误案例。

3.2.2　操作流程与关键技巧

在使用 DeepSeek 进行报告与文案写作时，可以遵循以下五个步骤。每个步骤后都附有"操作重点"和"提示词示例"，以方便读者结合自身需求进行灵活运用。

1. 主题与目标确认

在正式写作前，我们必须先明确报告和文案的用途，并充分收集核心资料和数据。只有掌握了充足的信息，DeepSeek 才能输出准确、富有洞察力的内容。

操作重点：

（1）明确文档对象和用途（如对外宣传、对内汇报、行业发布等）；

（2）确定需要传达的核心观点或者结论；

（3）收集相关图表、数据、文献或案例，做好写作前的准备工作。

提示词示例：

> 　　我需要撰写一份面向公司高管的市场分析报告，核心目标是展示公司在智能可穿戴设备市场的潜力，并提出下一步战略建议。请先告诉我收集数据时需要关注的关键领域和指标。

2. 结构化输入

当已确定目标与所需信息后，我们可将"主要结论""数据要点""期望风格"等内容以条目或项目清单形式输入 DeepSeek，让它快速理解并整合核心要素。

操作重点：

（1）罗列核心结论、关键数据、预期读者对象及语调风格（如"专业且正式"）；

（2）明确文档的逻辑结构（如"背景—现状—问题—结论—建议"）；

（3）若有专业术语或行业背景资料，需在输入中一并提供。

提示词示例：

> 帮我写一份"项目总结报告"，需要包含以下要点：
>
> （1）项目背景与目标；
>
> （2）已完成的工作内容及数据指标；
>
> （3）遇到的困难与解决方案；
>
> （4）后续提升建议。
>
> 报告要保持客观简洁，适合在公司内部分享。

3. 生成初稿

基于上述结构化输入，让 DeepSeek 给出文档初稿。

操作重点：

（1）检查初稿是否全面涵盖既定要点，段落顺序是否合理；

（2）关注是否有信息遗漏或表述过于笼统的地方；

（3）记录需要后续补充或修正的思路，以便追加提示。

提示词示例：

> 请根据我提供的内容要点和写作结构，生成报告初稿。行文要围绕各项数据展开分析，重点突出项目取得的成果和主要影响因素。

4. 深入润色与逻辑梳理

若发现初稿在专业术语、关键数字或逻辑性等方面还需强化，我们可以提示 DeepSeek 进行多次迭代完善。此时可结合实际数据、行业惯例或管理层反馈等信息进行有针对性的补充。

操作重点：

（1）校对数字或术语的准确性，结合实际情况核实无误；

（2）强化文档结构，避免段落混乱或重点不明；

（3）将深度分析或独到见解融入文稿，使其更具说服力。

提示词示例：

> 在这份市场分析报告初稿的基础上，重点突出竞争优势，并对常见行业术语提供简要解释，避免过于专业导致可读性下降。同时加入一些典型案例或数据表，让报告更具实效性。

5. 最终定稿

当报告或文案内容已达到预期质量后，还需要根据应用场景（正式／半正式／内部／外部）对措辞或格式进行微调，确保成稿既符合语言风格，又能让目标读者轻松接受。

操作重点：

（1）若用于外部发布，语言应正式并做好排版设计；

（2）若仅供内部阅读，语言应简洁易懂；

（3）最后核对标题、作者、日期等关键信息是否完整无误。

提示词示例：

> 请对这份报告进行最终润色，因为是供公司高层阅读的，所以需要保持专业且简洁的语言风格，适当增加小标题并使用要点列举的形式来突出重点。排版上用分段或序号让内容层次更清晰。

3.2.3　综合案例

为了帮助读者更好地理解如何运用 DeepSeek 完成报告的撰写，下面演示一个从数据收集到成稿的完整过程。场景为"向上级或客户汇报市场调研的关键结论"，并在报告中突出市场趋势、竞争优势和潜在风险等要素。

1. 情境设定

> 背景：公司对新兴电商模式进行了一轮市场调研，收集了大量消费者偏好数据及行业指标。
>
> 目标：向部门领导或合作方汇报调研结论，并提出后续业务建议。
>
> 文风：客观、以数据为导向，适度融入专业术语。

2. 数据收集与要点提炼

在开始写作之前，需要将所有核心信息归纳为关键词条目。

> 行业规模：预计年增速 15%。
>
> 主要竞争对手：A 公司、B 公司、C 公司。
>
> 目标人群需求：质量保障、配送效率、售后响应。
>
> 结论：平台化整合趋势明显，需要优化服务体验。
>
> 可能风险：同质化竞争、运营成本上升。

3. DeepSeek 生成初稿并修改

在明确了上述要点后，就可以向 DeepSeek 发出初次指令，并观察它生成的初稿内容。

初版提示词：

> 用户：
>
> 请帮我撰写一份市场调研分析报告，重点内容包括行业规模、主要竞争对手、目标人群需求和我们的潜在竞争优势。语言要专业，用数据说话，篇幅在 800 字左右。

DeepSeek：

在当今新兴电商模式快速崛起的背景下，本次市场调研主要针对该领域的行业规模、主要竞争对手、目标人群需求以及我们的潜在竞争优势进行深入分析。根据最新行业统计数据，电商市场预计将以年均15%的速度持续增长，未来三年内整体市场规模有望达到数千亿元人民币。此增速不仅来源于新消费群体的激增，也得益于多元化的销售渠道和在线支付方式的普及。

通过对市场主要竞争对手的研究，我们聚焦了 A 公司、B 公司和C 公司三家。A 公司专注于高端产品线，并在供应链整合方面具有显著优势；B 公司凭借强大的技术研发能力，持续升级购物体验，形成了稳固的用户口碑；C 公司则通过引入社交电商元素，与用户形成深度互动，拉动了较高的复购率和品牌黏性。从竞争策略上看，三家公司都在积极布局跨境电商、即时配送和个性化推荐等领域，进一步加剧了市场竞争。

在目标人群需求层面，根据我们对消费者偏好和行为模式的调研结果，质量保障、配送效率和售后响应依然是购前与购后体验中的关键因素。超过60%的受访者表示，他们倾向于选择能提供明确品质承诺且拥有快速物流体系的平台；同时，对售后问题处理的速度与透明度也给予了高度关注。显而易见，提升消费者信任感和使用便捷度，将是下一步争取市场份额的核心路径之一。

综合分析后，我们的潜在竞争优势主要体现在三方面：首先，在整合线上线下渠道方面已有初步布局，能够为消费者提供更加丰富且无缝衔接的购物体验；其次，在数据化运营和用户精细化管理上有一定基础，通过对用户画像的深入挖掘，可以精准把握消费者需求，提升转化率；最后，品牌合作资源与供应链伙伴相对多元，为后续扩大产品品类与提供优质服务打下了基础。

综上所述，新兴电商模式下的市场竞争日趋白热化，但也孕育了更多创新和增值空间。我们需要在深挖消费者需求的同时，持续提升供应链效率与服务质量，进而不断巩固现有竞争优势。希望本报告能为管理层及合作伙伴提供参考依据，为下一步的战略部署和业务规划奠定坚实基础。

DeepSeek 随即输出一份包含行业概述、对手对比以及客户需求分析的文本。这时我们觉得需要进一步"突出竞争优势"和"简化行业术语"，便可以在第二次提问中追加提示。

用户：

请在现有报告的基础上，增加一个"竞争优势"小节，聚焦我们产品在物流效率、产品多样性以及售后体验方面的优势，同时减少过于专业的行业话术，保证上级或客户能快速读懂。

DeepSeek：

以下为在原报告基础上进行的修订示例，新增了"竞争优势"小节，并适当减少了专业术语，便于上级或客户快速阅读理解。

新兴电商模式市场调研分析报告（修订版）：

在当今新兴电商模式不断发展的背景下，我们围绕行业规模、主要竞争对手、目标人群需求以及产品优势等方面进行了深入调研。根据最新统计数据，电商整体市场预计将以年均 15% 的速度持续增长，未来三年内规模有望达到数千亿元人民币。此增速主要受到多样化销售渠道兴起和在线支付方式普及的推动，为行业带来了广阔的发展前景。

一、主要竞争对手概览

……

二、目标人群需求

……

三、竞争优势

针对物流效率、产品多样性与售后体验这三大关键因素，我们在调研和实践中积累了一定的基础，形成了如下竞争优势。

物流效率：我们的物流网络已经覆盖主要城市和重点区域，能在较短时间内完成订单处理和发货。与多家快递和仓储公司建立稳定合作关系，可根据不同地区的订单量灵活调配资源，减少延误。

产品多样性：通过与多品牌和多品类供应商合作，平台上拥有丰富的商品选择，能够满足不同消费者的购物需求。定期推出新产品或跨界合作款，吸引更多潜在用户，同时维持老用户的购物热情。

售后体验：提供多渠道客服支持，包括在线聊天、电话咨询等，方便用户快速反馈问题。建立了较透明的退换货流程，并为特定商品提供延长保修或额外服务，提高了用户对平台的信赖度。

上述优势在一定程度上帮助我们进行差异化定位，既能满足大众消费者对于"快速、安全、便捷"的需求，也能在激烈的市场环境中保持自身特色。

四、综合分析与展望

……

希望本报告能够为管理层及合作伙伴提供参考，并为未来的业务规划和战略部署提供思路。随着行业竞争的不断加剧，我们将继续跟踪市场动态，结合内外部资源优势，为企业的持续发展寻找更多机遇。

通过多次迭代，报告的逻辑性与可读性都有了明显提高。最终成稿既含有调研数据的支撑，也充分展现了"竞争优势""风险提醒"等要素，行文上更加简明易读。此时如再配以精简的图表或数据示意，就能形成一份高质量的调研分析报告。读者可与最初的关键词清单做对比，检查是否已囊括所有关键数据和结论。

3.3　工作流程自动化与任务分配

　　复杂的工作流程需要跨部门沟通、多人协作以及大量信息交换。若仅依靠人工跟进与邮件往来，不仅容易造成信息延误，还可能引发责任划分不清、资源调度混乱等问题。借助 DeepSeek 的自然语言处理能力，用户可以快速对流程进行梳理与拆解，自动生成任务分配建议，并以模板形式进行进度跟踪和状态汇报。本节将介绍典型应用场景、实施流程与关键要点，并通过案例展示如何利用 DeepSeek 实现"自动化"+"智能化"的工作协同。

3.3.1　典型应用场景

　　以下列举了在项目管理与跨部门协作中，DeepSeek 可发挥的重要作用。每一个场景均附有提示词示例，帮助读者快速上手并完成深度定制。

　　1. 项目任务拆解

　　在大型或多阶段项目中，首先要将目标细分为若干个任务，再针对不同人员的角色与专长进行分工，以确保推进过程高效、有序。

　　提示词示例：

> 　　请将"新产品上线项目"的主要目标拆解为具体的工作任务，并针对每个任务提出适合的人选或部门。列出大约 10 个具体事项，要求突出时间节点和关键里程碑。

　　2. 自动化跟踪进度

　　通过让 DeepSeek 生成"状态汇报"或"项目进度"模板，项目管理者能够定期更新任务完成情况，减少对重复邮件和会议的依赖，并让所有成员第一时间掌握整体进度。

提示词示例：

> 帮我设计一个项目进度汇报模板，用于每周收集各小组的完成情况、遇到的问题以及下周计划。模板要简洁明了，并且要有可填写的字段或要点清单。

3. 跨部门沟通

当流程涉及多部门协作时，往往需要清晰的衔接节点和材料准备。通过 DeepSeek 梳理衔接环节，团队可获得明确的时间表与文档清单，大幅减少误解与错误交接。

提示词示例：

> 我们的新产品发布需要市场部、研发部和法务部分别提供支持。请结合三者的主要工作范围，生成一份跨部门工作衔接清单，包含各自所需提交的资料、时间节点和责任人。

3.3.2　实施流程与关键要点

要在实际工作中有效利用 DeepSeek 进行流程自动化与任务分配，建议按照下列四个步骤有序开展。每个步骤附有"操作重点"和"提示词示例"，以便读者更好地将之融入自身项目管理场景。

1. 流程梳理

在应用任何自动化手段前，务必先将工作流程梳理清楚。可用流程图或文字来描述主要环节、关键节点、责任范围等信息，并让 DeepSeek 进行解析或协助拆解。

操作重点：

（1）明确流程起点、终点，以及各个阶段的核心目标；

（2）收集和整合相关文档（如流程图、任务说明书、职责表），确保输入信息足够全面；

（3）将不同部门或角色的工作范围、依赖关系加以标注。

提示词示例：

> 请帮我分析这份新产品发布流程图，包括市场调研、设计研发、测试验收、营销推广等关键环节。指出各环节的主要目标、负责人、交付物以及可能遇到的风险。

2. 任务分配建议

当流程图和关键信息准备好后，DeepSeek 能根据人员角色、技能水平、资源分配等条件，快速给出较优的任务分配方案。此外，还可以附带时间节点建议，帮助管理者更好地安排并行或串行的任务。

操作重点：

（1）在提示词中提供各部门员工的专业特长、空闲时间段或关键技能点；

（2）强调需要在哪些方面进行精细化分工；

（3）如果对某些分配策略有偏好（如让某一位同事主导核心模块），也可在提示词中说明。

提示词示例：

> 基于以下人员信息与技能，请帮我生成一份"新产品发布项目"的任务分配清单。
>
> 张明：技术专家，熟悉核心研发流程；
>
> 李华：市场与推广专家；
>
> 王玲：法务与合同管理；
>
> 赵刚：供应链与资源协调。
>
> 我希望各人员都能专注于最匹配的任务，并在 3 个月内完成主要里程碑。

3. 自动化模板生成

为了减少后续撰写状态汇报邮件、编制风险预警、撰写资源申请单等重复性工作，我们可以让 DeepSeek 自动输出"模板"或"标准化文档"。这样一来，团队只需要填入必要信息或简要数据即可生成正式汇报内容或表单。

操作重点：

（1）明确需要自动化的文档类型（进度汇报邮件、风险预警、请示报告等）；

（2）列出所需的字段或段落（如"进度百分比""需协调的资源""问题及解决方案"）；

（3）指定风格或语气（正式 / 半正式 / 简洁），并兼顾不同受众需求（领导层、团队内部、客户等）。

提示词示例：

请为我生成一份"项目风险预警邮件"模板，包含以下字段：风险简述、影响范围、目前采取的应对措施和需要的支持。语气务必正式，并注明邮件标题建议。

4. 跟踪与反馈迭代

当项目进入执行阶段，管理者可通过 DeepSeek 自动汇总信息并生成阶段性汇报，还能根据团队反馈以及外部变化让 DeepSeek 优化任务清单，保证协作效率持续提高。

操作重点：

（1）定期（如每周或每月）更新项目状态，让 DeepSeek 整合各方汇报信息；

（2）若流程出现瓶颈或变更，需要立即提示 DeepSeek 重新分配任务或生成新方案；

（3）在评审或季度总结时，可让 DeepSeek 快速生成"成果与不足"对比报告，用于下阶段改进参考。

提示词示例:

> 针对目前的任务分配方案和团队反馈信息,帮我更新项目进度汇报。
>
> 张明已完成核心功能开发的 70%;
>
> 李华表示推广渠道成本超出预期,需要额外预算;
>
> 王玲提交了初步合同草案,但还需要市场部的定价方案支持;
>
> 请生成一份本周项目汇报并提出后续的风险预警。

3.3.3 案例演示:新产品发布流程的自动化管理

本案例将展示在一个"新产品发布"项目中,如何借助 DeepSeek 高效梳理流程、自动分配任务并生成阶段性汇报模板,以实现跨部门协作的自动化管理。

1. 涉及多个部门、各类资源的申请与审批

> 背景:公司即将发布一款新型电子产品,需要市场部、研发部、法务部、供应链等多部门协同完成方案制定、产品打样、法律合规及宣传计划。
>
> 难点:流程复杂、节点众多,部门之间可能存在信息差和沟通盲点。

2. 根据主要流程节点生成任务清单与分配建议

在收集并上传了公司内部流程图、部门职责清单后,可向 DeepSeek 提出综合性指令。

> 用户:
>
> 这是我们公司"新产品发布流程"的大致框架:
>
> 市场调研→研发打样→法律审核与专利申请→采购与供应链准备→试生产与质检→营销宣传与上市推广。
>
> 参与部门:市场部、研发部、法务部、供应链、财务部、公关

部门。

　　请结合这些信息，为每一步指定主要负责人、所需资源，并估算完成时间。

　　DeepSeek：

　　以下是基于前述"新产品发布流程"所需的关键动作以及各步骤的主要负责人整理的内容，可帮助你快速了解每个阶段的核心任务与责任划分。

　　一、第一步：市场调研

　　主要负责人：市场部经理李芳。

　　参与部门 / 支持：财务部负责人王明（预算支持）；公关部门主管刘倩（收集用户声音、关注对外信息）。

　　主要工作内容：

　　（1）确定目标市场范围，进行竞争对手分析，绘制目标客户画像；

　　（2）预测销售规模及定价策略；

　　（3）收集产品功能需求及潜在痛点。

　　所需资源：

　　（1）市场调研报告 / 咨询机构服务；

　　（2）竞品分析工具与数据库；

　　（3）问卷调查平台或线下访问渠道；

　　（4）财务支持（外部调研或咨询费用）。

　　预计时间：2～3 周。

　　二、第二步：研发打样

　　……

　　三、第三步：法律审核与专利申请

　　……

四、第四步：采购与供应链准备

......

五、第五步：试生产与质检

......

六、第六步：营销宣传与上市推广

......

整体进度与并行工作建议：

整体周期：若按严格顺序执行，累计时长为 16～25 周（具体要视企业内部流程和外部因素而定）。

并行与衔接：

法律审核与专利申请可与市场调研、研发打样并行，避免浪费等待时间。

在研发打样接近尾声时，可以同步启动营销宣传策划和供应链准备。

试生产与质检时，可同步进行媒体预热和推广物料准备，以便在产品验证完成后快速上市。

在不同环节指派具体负责人（如研发部负责人张伟、市场部经理李芳等），明确各阶段所需资源并合理安排时间节点，可以有效避免沟通盲点，减少流程中的信息差，确保新产品发布顺利进行。

DeepSeek 会自动梳理流程中所需的关键动作及相应负责人。若对某个环节的资源审批或节点时限有特殊要求，可追加指令，让 DeepSeek 进一步细化分析。

3. 动态迭代流程

随着项目推进，各部门需要定期提交进度汇报以及资源申请报告。管理者可让 DeepSeek 生成通用模板，并让它结合最新反馈自动生成本周或本月的综合进度。示例提示如下。

用户：

请根据以下最新进度信息，生成一份项目周报。

研发部：试生产进入第 2 轮，进度 80%，发现需要额外的供应链伙伴以降低成本；

市场部：初步完成宣传方案策划，并联系了 3 家媒体渠道；

法务部：尚在确认专利授权细节，下周出结果。

内容需要简明扼要，并在最后提出"需要领导决策或审批"的事项。

DeepSeek：

以下是一份简明扼要的项目周报示例，可供参考。

项目周报

一、总体概览

本周项目整体进展顺利，主要围绕试生产推进、宣传方案策划以及专利授权确认三方面展开。各部门紧密协作，但部分环节需要进行额外的资源投入与费用审批。

二、分部门进度汇报

1.研发部（负责人：张伟）

（1）进度情况。

试生产已进入第 2 轮，整体完成度约 80%。

当前工艺流程已基本确定，正在进一步收集可靠性测试数据。

（2）问题与挑战。

为了降低整体生产成本，需要额外引入新的供应链合作伙伴；正在评估不同供应商的报价与合作模式。

（3）下周计划。

整合试生产反馈，完善技术资料与生产工艺文档。

协同供应链部门完成新合作伙伴的初步评估。

2. 市场部（负责人：李芳）

（1）进度情况。

初步完成了产品宣传方案策划，包括线上线下活动、社交媒体及广告投放策略。

已联系 3 家媒体渠道，并就初步宣传合作细节进行讨论。

（2）问题与挑战。

与媒体的合作条款与预算分配尚需财务审核与领导审批。

（3）下周计划。

深化宣传内容，确认与媒体的排期与投放方案。

与公关部门沟通新闻稿与预热活动的落地执行。

3. 法务部（负责人：赵宁）

（1）进度情况。

正在与专利代理机构沟通专利授权细节，预计下周将有明确结果。

（2）问题与挑战。

需要与研发部门进一步确认技术描述，以确保授权资料的准确性。

（3）下周计划。

就专利文件的法律风险及合规性给出最终意见，并形成内部评审报告。

三、项目风险与待关注事项

供应链成本风险：为确保在量产阶段实现成本可控，需要加快评估新供应链伙伴的可靠性与供货周期。

宣传预算及媒体合作风险：宣传方案已经成型，但仍需要进行费用核批，媒体合作合同也需要仔细评估，以规避潜在的法律或财务风险。

专利授权合规：法务部下周出具最终结果后，若出现授权或合规问题，需要及时与研发团队沟通并进行方案调整。

四、需要领导决策或审批的事项

供应链扩充与预算调配：针对新供应链伙伴的引入，需要领导层对相关预算及采购策略进行决策与审批。

市场宣传预算与媒体合作条款：宣传方案中涉及媒体投放及广告代理费用，需要财务部门与领导层进一步审核并最终拍板。

DeepSeek 输出内容后，管理者只需要对内容进行核对和微调，即可快速发送给高层和相关部门。此后若有新的资源变动、风险，也可继续提示 DeepSeek 进行文本增改，让任务分配和汇报流程真正实现"随需应变"。

3.4　商业文档审校与润色

在商业环境下，无论是对内的制度文件，还是对外的商务合同、宣传文稿，都对专业度、准确性和可读性有较高的要求。借助 DeepSeek 的自然语言分析与生成能力，读者能够高效发现并修正文本中存在的语言与逻辑问题，显著提升商业文档的整体质量。本节将介绍 DeepSeek 在商业文档审校与润色上的核心价值、常见商业文档类型、审校与润色流程，并通过商务合同示例演示如何结合法律法规进行最终确认。

3.4.1 DeepSeek 在商业文档审校与润色上的核心价值

商业文档的质量在很大程度上影响着企业的形象与业务成效。DeepSeek 在审校与润色环节可以发挥以下作用。

1. 快速发现错别字、用词重复、语句冗长等常见问题

利用 DeepSeek 的语言模型能力，我们可以在短时间内发现潜在错误或啰嗦表达。

2. 提供正式 / 半正式的文本，提高专业性

有些商业场合需要正式或法律化的语言，DeepSeek 能根据提示调整文风，使文本更契合目标读者的期望。

3. 审校逻辑一致性，避免章节结构混乱或前后文冲突

对于结构复杂的文档（如策划书、合同），DeepSeek 能从全局角度审查前后文条目或条款的合理性，减少内部矛盾。

提示词示例：

> 我有一份商务策划书的初稿，想让你协助标出里面的错别字、语句问题和不专业的表达方式。请给我一些具体修改建议，并帮我把整份文档的语言风格调整得更正式和更专业。

3.4.2 常见商业文档类型

在企业经营过程中，以下几类文档最常用也最需要精准审校。每种类别都附有一个提示词示例，供读者快速了解如何对 DeepSeek 进行定向输入。

1. 合同与协议

该类文档要求条款清晰、法律术语准确使用，避免隐藏或模糊义务与责任。

提示词示例：

> 这是我起草的一份软件项目开发合同，包括项目范围、费用、交付期限等条款。请帮我检查用词和法律术语是否规范，并指出可能存在的歧义或不合理条款。

2. 商务提案与策划书

该类文档强调结构完整、论证有力、行文精练，展示给潜在客户或合作伙伴时更显专业。

提示词示例：

> 我写了一份商务提案，主题是"海外市场推广方案"，想让你帮我审校语言并优化逻辑，突出核心卖点。请先识别现有提案的主要问题，然后给出改进建议。

3. 公司内部制度文件

该类文档注重可读性与可执行性，确保制度能被员工理解并执行。

提示词示例：

> 这是我们新修订的公司考勤制度草稿。请检查段落结构和表述是否清楚，尤其要提醒我可能让员工产生歧义或误解的地方。

4. 对外宣传文稿

该类文档面向公众或媒体，需要兼顾信息准确、语言流畅及企业形象，确保外宣效果。

提示词示例：

> 请帮我审校这篇对外新闻稿，它主要介绍了公司近期获得的行业奖项。重点检查用词是否有利于宣传，并在需要时加入更具吸引力的修饰语句。

3.4.3　审校与润色流程

为了在商业文档审校与润色的过程中充分发挥 DeepSeek 的作用，建议按以下四个步骤有序开展。

1. 原文输入

将文档主体内容或关键段落整合好，输入 DeepSeek。若文档较长，也可以分段输入，确保每次处理的文本不会超限而导致回复不完整。

操作重点：

（1）尽量提供相对完整的文本段落或章节，便于 DeepSeek 进行整体审校；

（2）可以在提示词中注明文档的用途、目标读者或风格要求，提高后续建议的准确度；

（3）如果文档较长，可分章节或分部分逐一输入审校，再统一整合。

提示词示例：

> 这里是采购合同的第 3 条和第 4 条，涉及产品验收标准和违约责任条款。请帮我检查其中的用词准确性和内容逻辑性，以及是否与前文存在冲突。

2. 问题识别

DeepSeek 会在读取文本后标注错别字、病句或格式问题，并提示可能需要润色或进一步解释的部分。

操作重点：

（1）记录 DeepSeek 列出的所有问题，如"术语不一致""表达冗长"等；

（2）判断其识别出的问题是否准确，若有遗漏，可再次向 DeepSeek 说明；

（3）对难以判定的问题（如法律含义或财务数据）进行重点备注，留待后续专业人员确认。

提示词示例：

> 请指出这篇市场推广策划书中你认为用词模糊或逻辑不通的段落，并简要说明改进思路。

3. 语言优化与逻辑调整

在完成问题识别后，可以让 DeepSeek 基于具体问题进行二次迭代，让它替换不当用词、润色语句，并对整体论证结构进行梳理。

操作重点：

（1）向 DeepSeek 提出更明确的修改要求，如"用更专业的法律用语修改这段话""减少重复用语""强化要点，总结段落"；

（2）若文档是面向高层或外部客户的，可要求语言更加正式；若是内部文件，则倾向于简洁易懂；

（3）重复审读与迭代，直到文本风格、逻辑及准确度满足需求。

提示词示例：

> 在原文问题基础上，请帮我完成语言润色，用语正式且专业，并在最后添加一个简洁的小结，突出提案的商业价值。

4. 最终审稿

对商业文档而言，最终审稿需要结合专业领域（如法律、财务、技术）相关知识。DeepSeek 能大幅减少基本语法和结构问题，但仍建议由相应领域专家最后把关，以保证文档内容合规、准确。

3.4.4　案例演示：商务合同审校

为了更直观地展示 DeepSeek 在商业文档审校中的运作流程，下面以"商务合同"为例，逐步说明从原文输入到最后定稿的过程。

1. 背景文本

> 背景：你手中有一份商务合同初稿，涉及项目角色、双方权益、费用、时间期限等多方面内容，但语言较口语化且缺乏严谨性。合同内容如下所示。
>
> 商务合作草稿
>
> （先和你简单聊聊，等正式执行前再细化）
>
> 甲方（想让人帮忙的一方）：
>
> 名字 / 公司：＿＿＿＿＿＿

联系方式：_____

乙方（帮忙干活的一方）：

名字/公司：_____

联系方式：_____

为了大家能一起愉快地推进项目，我们先把大概的合作方式和要求放在这儿，等以后需要的时候，可以再细化和签正式合同。以下是我们的约定。

一、项目背景和主要事情

1.大致目标

甲方想让乙方干什么，如做调研、写方案、设计产品等。

2.乙方承诺

在项目期间，乙方安排人员，提供必要支持，让项目顺利推进。

开始时间：

暂时定在 ___ 年 ___ 月 ___ 日开始，如果有什么突发情况再商量。

二、各自职责

甲方指责：

先将与项目有关的背景资料发给乙方，让他们有事情可做；

定好项目需求和验收标准；

甲方有责任及时把修改意见和额外需求告诉乙方，让乙方知道该如何调整。

......

没提到的事儿后面若有涉及，我们可以再签补充协议，与这份文件有同等效力。

大家都同意的话，从签字或者盖章的那刻起，这份约定就算生效了。

甲方签字（或盖章）：

签名日期：＿＿＿＿＿＿

乙方签字（或盖章）：

签名日期：＿＿＿＿＿＿

2. 基础信息梳理与识别

将合同的主要条款复制到 DeepSeek 中，指出需要提高法律专业度与行文正式性。

用户：

我发送给你的是商务合同初稿的主要条款，请帮忙检查是否存在用词不当或潜在歧义，并给出优化建议。

DeepSeek：

一、整体用词与结构

1. 用语较随意

合同使用了"简单聊聊""大概"等较模糊的口语化表达。这种口语化描述在正式场合容易引起理解分歧。

建议：若要作为正式合同使用，需将这些模糊表达替换为更具可执行性的条款，如"双方经书面确认后""经双方协商一致后"以及"在……工作日内"等。

2. 缺少明确定义

如"项目""成果"等关键词未进行清晰定义，可能在后续验收、交付或责任承担上出现争议。

建议：在条款开头增加"术语定义"部分，对"项目""成果""交付物""不可抗力"等核心概念加以明确说明。

3. "草稿"字眼

合同出现"草稿"等字眼，表达出此文本并非最终具有法律效力的文件。但一旦签字或盖章，仍可能被视为有效合同。

建议：在开头或结尾明确注明"本文本仅为合作框架意向，不具备法律约束力，双方应另行签署正式合同"或"若本合同经双方盖章，则视为正式合同，本条款与正式合同具有同等法律效力"，两者择一，以避免日后纠纷。

......

3. 对专业术语、易混淆条款提出建议

让 DeepSeek 针对一些关键条款（例如合同期限、费用支付、违约责任、信息保密）给出具体的改写建议，或提示"此处需进一步说明责任范围"等。

用户：

请将保密条款中"信息泄露责任"段落改写得更正式些，避免口语化表达，使用常见的法律措辞。

DeepSeek：

如任一方（以下简称"泄露方"）因未遵守本合同所规定的保密义务而导致另一方（以下简称"守约方"）的保密信息被任何第三方获悉、使用或传播，则泄露方应对守约方因此遭受的全部实际损失、可预见的间接损失（包括但不限于商誉损失、利润损失）承担赔偿责任。若此种违反保密义务的行为已构成根本违约，守约方有权在书面通知泄露方后立即解除本合同，并可追究泄露方的其他法律责任。泄露方应采取一切合理和必要的措施防止进一步的信息泄露或损害的扩大，并协助守约方对相关事实进行调查、取证或追究法律责任，所发生的合理费用亦由泄露方承担。

4. 与实际法律法规要求比对，形成终稿

经过 DeepSeek 初步润色与审校后，法务人员或外部律师应核对条款合理性，补充必要的强制约定或者风险管控措施。若发现有新增条款需求，可再次将调整后的文本输入 DeepSeek，请其在保持整体文风的基础上补充内容。

3.5　会议纪要与要点提炼

整理并分享会议纪要是一件非常烦琐的工作，既要让与会者事后回顾方便，也要让未到场的同事迅速了解会议成果与后续行动。借助 DeepSeek，用户可在提供会议录音文本或简要记录后，获得结构清晰、重点突出的会议纪要。本节将介绍常见会议场景、纪要生成的主要步骤，并通过一个跨部门协同会议示例展示 DeepSeek 的实际应用。

3.5.1　常见会议场景

以下列举几类常见会议及相应的提示词示例，帮助读者快速理解如何利用 DeepSeek 编写会议纪要。

1. 项目组内部进度会

项目组内部进度会通常由团队成员就项目阶段性成果、遇到的问题以及后续目标展开讨论。与会者需要明确各自的分工与完成进度，并在会议结束前形成可落地的行动方案。

提示词示例：

> 请根据这段文字记录，生成一份项目进度会议的纪要，包括参会人员、会议要点、达成的结论和下阶段的行动计划。语言要简洁，条理要清晰。

2. 跨部门协调会

跨部门协调会通常由多个部门或职能团队共同参与，旨在就共享资源、流程衔接和人员调配等问题达成一致。由于需要统筹不同部门间的需求与目标，此类会议的会议纪要应当突出沟通成果、明确分工和职责范围，并对后续的跟进工作进行具体安排。

提示词示例：

> 这是一段跨部门协调会的录音文本，主要就资源调配和进度衔接进行讨论，请帮我提炼各部门的诉求、协作方式及后续跟进事项，形成会议纪要。

3. 战略决策会议

战略决策会议大多由管理层或高层领导参与，讨论内容集中在企业的发展规划、重大项目立项或核心业务调整上。与会者通常会提出不同的观点或方案，在充分讨论后做出方向性决定。会议纪要应重点记录高层达成的共识、决策内容、资源投放和后续跟进的具体安排。

提示词示例：

> 这里是关于公司年度战略规划会议的要点，请撰写一份会议纪要，突出与会高层达成的核心共识、决策方向及资源分配策略。

4. 研讨会

研讨会常用于学术研究、技术创新、市场拓展或某项新方案的可行性分析。与会人员在自由讨论中交流观点、交换经验，并就问题或机会点进行深入探讨。此类会议的会议纪要需要完整梳理各方观点、初步结论及潜在的改进方向。

提示词示例：

> 我们昨天的研讨会围绕技术革新和市场前景进行了深入讨论，请根据整理的内容，归纳主要观点、达成的初步共识以及需要后续研究的问题，形成简要纪要。

3.5.2　纪要生成的主要步骤

要高效地利用 DeepSeek 生成并完善会议纪要，建议按照以下五个步骤进行操作。

1. 会议素材获取

在撰写纪要前，需要获取会议相关的素材与信息，包括录音文本、会议简要记录、会议议题文档等。素材越完整，DeepSeek 生成的初稿就越全面。

操作重点：

（1）整理所有会议资料，包括议程、主要议题、负责人、会议开始 / 结束时间；

（2）如果有录音转写文稿，可先进行简单的修订（如去除明显的口头重复），保证输入给 DeepSeek 的文本可读性较高；

（3）针对比较重要的环节，做好备注或标记，便于在后续纪要中重点突出。

提示词示例：

> 这是项目组例会的录音转写文字和简要手记。请先浏览并协助归纳主要议题与讨论结论，然后生成一份结构清晰的纪要提纲。

2. 要点归纳

在与 DeepSeek 进行对话时，需要明确会议的主题、时间、主要参与人员及议题重点。这样能让 DeepSeek 在生成会议纪要时更加聚焦，避免内容冗长以及不相关的文本。

操作重点：

（1）罗列会议名称、目标和主要议题（如项目进度、资源分配、问题讨论等）；

（2）若有专业术语或特定背景，建议在提示词中加以说明，让 DeepSeek 更好地理解上下文；

（3）可指明想要输出的纪要形式（如表格化、分条列举或段落式）。

提示词示例：

> 请把以下会议内容（包括"新产品用户界面反馈收集""市场宣传

> 计划讨论""风险点梳理")分成三个要点板块，每个板块都要列出具体
> 讨论结论及下一步执行人。

3. 生成初稿

在完成要点归纳后，让 DeepSeek 生成会议纪要初稿。此时重点关注会议纪要的结构是否完善，议题、讨论过程、结论和行动项是否都有所体现。

操作重点：

（1）判断初稿是否抓住了会议重点，是否遗漏核心结论或决策；

（2）查看纪要是否符合"议题—讨论—结论—行动"结构（或其他预设结构）；

（3）做好进一步润色或增补信息的准备。

提示词示例：

> 根据以上会议要点，请帮我生成一份会议纪要初稿，使用"议题—讨论内容—达成的决定—后续行动"结构进行组织，并保留必要的礼貌开场与结尾。

4. 重点调整

在审阅初稿时，若发现某些细节（如日期、负责人姓名、具体任务说明等）有遗漏或者表述不当的地方，可以让 DeepSeek 进行二次迭代，直到纪要准确、完美。

操作重点：

（1）通过追加信息或纠正错误让 DeepSeek 修改初稿中不完整、不准确之处；

（2）对关键决策或任务加以强调，在纪要中凸显优先级和紧迫度；

（3）审查文字风格，确保纪要易读、严谨并符合组织文化。

提示词示例：

> 请在纪要中补充"用户界面设计确认会将于下周三上午 9 点再次召开"信息，并在"风险点"部分添加对服务器稳定性的讨论内容，让纪要更加全面。

5. 最终版本

在进行多轮迭代后，即可得到一份结构清晰、要点突出的会议纪要。此时应确保在末尾明确责任人、执行时间表和下次会议衔接事项，方便团队后续跟进。

操作重点：

（1）再次检查负责人、执行时间、资源需求等关键信息是否无误；

（2）若会议决策与组织战略紧密相关，可在纪要结尾补充相关文件或链接；

（3）最终纪要成稿后，建议以邮件形式或在内部协作平台上分享给全体参会人员与必要关注者。

提示词示例：

> 请帮我完成最终纪要版本的润色，使语言更正式，并在结尾列出关键负责人和下次会议时间，再添加一句"如有疑问，请在本周内反馈"的提示。

3.5.3　案例演示：跨部门协同会议纪要

为了直观地展现 DeepSeek 在会议纪要编写中的具体操作流程，以"跨部门协同会议纪要"为例，从会议目标到最终输出进行完整示范。

1. 会议目标：加快新产品上线

> 背景：会议由研发部、市场部、供应链、法务部等团队共同参加，目的是集中讨论新产品上线时间和资源调配问题。

难点：各部门关注点不同，会议内容涉及大量技术与商务细节。

2. 提炼主要分歧点，达成意见并制订行动计划

会议结束后，将文字记录或者会议音频的转写结果输入 DeepSeek。

用户：

这是我们刚结束的跨部门会议文字记录稿，请帮我提炼主要讨论点和分歧点，并突出最终达成的共识和后续行动项。

......

DeepSeek：

一、主要讨论点

1. 研发进度与缺陷修复周期

研发部汇报了当前开发进度与测试中发现的缺陷情况，提出重大缺陷需要约两周集中修复，轻微缺陷可在后续版本迭代中处理。

讨论焦点：缺陷修复的优先级和时长是否会影响原定上线时间。

2. 市场宣传物料的准备

市场部介绍了新产品宣传计划，包括线上广告投放及线下活动策划，当前物料设计已进入最后校对阶段。

讨论焦点：物料投放时间需要与上线时间精准匹配，以防临时调整造成资源浪费。

3. 法务部门对产品合规性的审核进度

法务部门明确了产品合规性审核的关键风险点，如第三方技术授权与用户隐私条款合规问题，预计在收到完整产品功能清单后一周内给出审查意见。

讨论焦点：确保在上线日前完成所有法务审查，避免因合规问题延误产品发布。

二、主要分歧

……

三、达成的共识

……

四、后续行动项

……

DeepSeek 可识别并分类这些要点，然后生成结构化的会议纪要初稿，列出议题、结论、责任人、完成时限等要素。

3. 追加提示

若 DeepSeek 给出的初稿遗漏了对供应链的具体要求，可进一步追加提示，让它补充。

用户：

请在纪要中增加"供应链对物料交付时限"的讨论要点，并强调市场部需要尽快提供包装设计文件，确保下周可以下单采购。

DeepSeek：

以下是一份更新后的会议纪要，新增了"供应链对物料交付时限"的讨论要点，并强调了市场部需要尽快提供包装设计文件，以确保下周可顺利下单采购。请根据实际情况进一步调整或细化。

一、主要讨论点

……

4.（新增）供应链对物料交付时限

供应链团队强调，若要保证相关包装及物料能在预定时间完成生产和配送，市场部需要尽快（最好在本周内）提供最终确认的包装设计文件。

讨论焦点：一旦市场部延迟提供文件，下周的下单采购流程可能错过关键时间点，进而影响整体上市节奏。

二、主要分歧

......

三、达成的共识

......

四、后续行动项

......

待修正完成后，用户便可获得一份结构清晰、要点突出的会议纪要。将其发布到公司内部平台，或者用邮件发送给与会人员，大家皆能在事后快速回顾本次会议内容，加快落实行动方案。

第4章 DeepSeek 在学习中的应用

在学习过程中，我们常常面临大量的笔记整理、知识点归纳、复习规划以及论文写作等需求。本章将展示如何在不同学习场景中利用 DeepSeek 高效产出并优化学习成果，进一步解放双手与大脑，让学习者将更多精力专注于思考与应用。

4.1 课堂笔记整理与知识点归纳

无论是学习学校课程、线上公开课，还是参加企业内部培训或研讨会，我们都需要对海量知识点进行有效梳理和归纳。依靠人工记录和重复阅读的方式不仅费时费力，而且易错过关键概念。DeepSeek 可帮助学习者将零散资料快速整理为结构化笔记，并突出核心概念与难点解析。本节将介绍该功能的应用场景、操作流程及案例演示，帮助读者在多种学习环境中灵活运用。

4.1.1 应用场景与示例

在实际学习的过程中，针对以下几种常见需求，DeepSeek 都能提供高效的笔记整理与知识归纳协助。每种场景均附有提示词示例，读者可快速了解 DeepSeek 如何在输入信息的基础上进行要点提炼。

1. 学习课程记录

学生需要梳理多门课程的知识点，形成相互关联的综合知识树，将交叉主题进行归纳。

提示词示例：

> 我在过去一周的线性代数课上记了很多零散笔记，其中包括矩阵运算、特征值、特征向量等概念。请帮我整理成一份逻辑清晰的知识提纲，并在每个知识点后附上简要说明。

2. 企业内部培训

企业在培训新员工、进行业务专题培训时，需要将培训要点与案例整理成可复用的学习手册。

提示词示例：

> 我们进行了三次内部销售培训，包含产品卖点、销售话术、客户心理分析等环节。请根据这些手写记录生成一份简洁的培训手册草稿，突出核心技巧与注意事项。

3. 线上公开课 / 研讨会

越来越多的学习者通过线上课程来获取知识，这种情况下他们需要从录音转写文字中提炼出关键观点与结论，以便后续复习。

提示词示例：

> 我听了一场关于人工智能前沿研究的线上公开课，下面是转写的主要内容。请从中提取主要观点与参考文献，形成一个简明的总结段落，并列出潜在的讨论问题。

4.1.2　操作流程与关键步骤

要充分发挥 DeepSeek 在笔记整理与知识归纳上的优势，建议按照下列四个步骤操作。

1. 收集输入资料

在整理笔记之前先将各种资料准备就绪，包括录音文本、手写或电子笔记、课件提纲等。资料越全面，输出内容就越有针对性与准确性。

操作重点：

（1）汇总各种学习资料，如课堂录音转写、PPT 大纲、笔记拍照或电子文档等；

（2）对资料进行初步整理，根据前后顺序以及相关性进行排序；

（3）按课程章节、重点主题对资料进行分类，同样有助于 DeepSeek 对各块内容进行归纳。

提示词示例：

> 这里是我上节课的录音转写，包含老师对矩阵乘法、行列式的详细讲解，以及部分学生提问的内容。请帮我提炼出核心知识点。

2. 指令设置

在向 DeepSeek 输入资料时，需要明确告知它哪些信息是"核心概念"或"重点例题"，哪些是"难点解析"或"易混淆知识点"，以便它在汇总和输出时更具针对性。

操作重点：

（1）列举主要的学习目标（如掌握解方程技巧、理解理论推导、掌握具体操作流程等）；

（2）说明要将这些知识点以怎样的结构呈现（如按章节、按难度、按逻辑顺序等）；

（3）如果需要特别关注例题或应用场景，也可以在提示词中说明，便于 DeepSeek 将其单独列出和注释。

提示词示例：

> 请将这份培训笔记中的核心概念单独列出，然后在每个概念后面添加一个简单示例，或者从讲解内容中提炼出常见错误与应对方法。

3. DeepSeek 生成初稿

基于上述资料和指令，DeepSeek 会生成第一版笔记初稿。此时，应主要关注知识点是否涵盖全面、逻辑顺序是否合理，以及是否保留了足够的知识细节。

操作重点：

（1）检查初稿中是否遗漏了重要概念或衔接内容；

（2）评估段落结构和语言表达，看是否需要进一步简化或补充案例；

（3）做好再次细化的准备，让 DeepSeek 添加更多应用示例，或者插入图表说明等。

提示词示例：

> 请根据我提供的教学录音转写内容，生成一份线性代数笔记初稿，包含矩阵运算、行列式、特征值的主要定义与公式示例。每个知识点用一两句话概括，条理应分明。

4. 优化与补充

如果对初稿的结构、详细程度或者实例不够满意，可以继续让 DeepSeek 进行加工。例如，补充专业术语解释，插入示意图链接，或针对特别重要的内容添加习题与解答思路。DeepSeek 也可根据学生的个人需求（如更倾向理论或更倾向实践）进行有针对性的调整。

操作重点：

（1）根据课程特点或个人复习侧重点，在笔记中插入更详尽的案例或思考题；

（2）若需要图表，可在最终笔记中手动添加，或在提示词中让 DeepSeek 以文字描述推荐可视化形式；

（3）确认是否需要整合不同来源的内容，并进行风格统一或概念交叉连接。

提示词示例：

> 在这份矩阵运算笔记的基础上，请增加"逆矩阵的求解方法"和"特征值与特征向量在实际应用中的案例"，让笔记更具实用性。最后附上补充练习题清单。

4.1.3　案例演示：从一堂线性代数课到知识纲要

为了展示利用 DeepSeek 进行课堂笔记整理与知识点归纳的具体操作过程，以"线性代数课"为例，从准备资料到最终成稿进行简单示范。

（1）准备教学录音文本和简要手写笔记

> 背景：你有一次线性代数课程的录音转写内容（包括老师讲解和学生提问），以及自己课堂上做的少量手写笔记。内容涉及矩阵运算、行列式、特征值与特征向量、常见错误例子等。

2. 首次操作

将这两部分资料整合并去除无关段落。关于如何与 DeepSeek 进行数学公式方面的交互，笔者会在拓展篇进行详细讲解。

用户：

下面是一份线性代数课的课堂录音转写内容以及手写笔记的要点：

（1）矩阵的加减法与乘法；

（2）行列式的定义与性质；

（3）特征值和特征向量的基本概念，还有一些典型错解案例。

请帮我把这些内容整理成一份结构化的笔记初稿。

……

DeepSeek：

以下是一份将前述课程内容整理后的结构化笔记初稿，可根据需要进一步修改、补充或精简。

线性代数课程笔记（初稿）

一、矩阵的加减与乘法

1. 矩阵加减法

前提：只有同型矩阵（行数、列数相同）才能进行加减运算。

运算规则：将对应位置的元素进行相加或相减。

$$A = \begin{pmatrix} a_{11} & a_{12} \\ a_{21} & a_{22} \end{pmatrix}, \quad B = \begin{pmatrix} b_{11} & b_{12} \\ b_{21} & b_{22} \end{pmatrix}$$

$$A + B = \begin{pmatrix} a_{11} + b_{11} & a_{12} + b_{12} \\ a_{21} + b_{21} & a_{22} + b_{22} \end{pmatrix}$$

$$A - B = \begin{pmatrix} a_{11} - b_{11} & a_{12} - b_{12} \\ a_{21} - b_{21} & a_{22} - b_{22} \end{pmatrix}$$

2. 矩阵乘法

前提：若 A 为 $m \times n$ 矩阵，B 为 $n \times p$ 矩阵，才可定义乘法 AB，结果为 $m \times p$ 矩阵。

运算规则：

$$(AB)_{ij} = \sum_{k=1}^{n} a_{ik} b_{kj}$$

性质：

结合律：$(AB)C = A(BC)$。

不满足交换律：一般情况下，$AB \neq BA$。

分配律：$A(B+C) = AB + AC$。

二、行列式的定义与性质

……

三、特征值与特征向量

……

四、典型错解案例与正解说明

……

以上为课程内容的初步整理，后续可根据学习进度和个人需求进行补充与归纳。

3. 提取课程重点并生成小结

上一步只是让 DeepSeek 整理出课堂内容，如果想要更详细的课程讲解，还需要进一步规定 DeepSeek 的输出内容。

用户：

请按照"概念—例题—注意事项"的结构进行归纳，并给出这一部分的精练小结。

DeepSeek：

以下内容按照"概念—例题—注意事项"的结构进行整理，最后附上精练小结，供后续复习与强化学习使用。

一、矩阵的加减法与乘法

1. 概念

（1）矩阵加减法。

只有同型矩阵（行数与列数相同）才能进行加减运算。

加减运算在对应位置的元素之间进行。

（2）矩阵乘法。

若 A 为 $m \times n$ 矩阵，B 为 $n \times p$ 矩阵，则 AB 为 $m \times p$ 矩阵。

元素计算方式：

$$(AB)_{ij} = \sum_{k=1}^{n} a_{ik} b_{kj}.$$

一般情况下，矩阵乘法不满足交换律（$AB \neq BA$）。

2. 例子

例 1：矩阵加减运算。

令

$$A = \begin{pmatrix} 1 & 2 \\ 3 & 4 \end{pmatrix}, \quad B = \begin{pmatrix} 5 & 6 \\ 7 & 8 \end{pmatrix}$$

则

$$A + B = \begin{pmatrix} 1+5 & 2+6 \\ 3+7 & 4+8 \end{pmatrix} = \begin{pmatrix} 6 & 8 \\ 10 & 12 \end{pmatrix}$$

例 2：矩阵乘法运算。

令

$$A = \begin{pmatrix} 1 & 2 & 3 \\ 4 & 5 & 6 \end{pmatrix}, \quad B = \begin{pmatrix} 1 & 0 \\ 0 & 1 \\ 1 & -1 \end{pmatrix}$$

A 为 2×3 矩阵，B 为 3×2 矩阵，可求 AB 为 2×2 矩阵：

$$AB = \begin{pmatrix} (1\times1+2\times0+3\times1) & (1\times0+2\times1+3\times-1) \\ (4\times1+5\times0+6\times1) & (4\times0+5\times1+6\times-1) \end{pmatrix}$$

$$= \begin{pmatrix} 1+0+3 & 0+2+(-3) \\ 4+0+6 & 0+5+(-6) \end{pmatrix} = \begin{pmatrix} 4 & -1 \\ 10 & -1 \end{pmatrix}$$

3.注意事项

（1）维度匹配：加减法要求矩阵同型；乘法要保证前者的列数等于后者的行数。

（2）不满足交换律：矩阵乘法不满足 $AB = BA$，运算顺序很重要。

（3）常见错误：将矩阵乘法错误地当作对应元素相乘，再进行加总等，需要严格遵循行 × 列的定义。

二、行列式的定义与性质

……

三、特征值与特征向量

……

四、精练小结

1.矩阵加减法与乘法

加减法要求矩阵同型，乘法要检验行列维度匹配。运算中要牢记矩阵乘法不满足交换律。

2.行列式

掌握展开及各项性质（如交换行导致符号翻转等）可大幅提升计算效率。

3.特征值与特征向量

通过 $\det(A - \lambda I) = 0$ 求 λ，并代入 $(A - \lambda I)v = 0$ 得到对应的特征向量，须注意重根与非零向量要求。

在学习与练习中，建议先从低阶矩阵入手理解概念，再逐步扩展至更高阶矩阵；同时多做错题分析，准确掌握运算细节，了解常见陷阱。

4. 产出结构化笔记

若发现笔记中对特征值的应用场景介绍得不充分，或想要补充更多例题，可再次提示 DeepSeek 进行修改。

请在"特征值与特征向量"部分添加一个关于"对角化"的简短解释，以及一个小练习题，包括解答思路。

4.2 自主复习提纲与测验模拟

在学习过程中，很多人面临着知识点众多、不知从何开始复习的困扰。DeepSeek 可以帮助学习者生成系统性的复习提纲，并根据现有题库或考纲自动创建模拟测试题，大幅减少人力投入的同时提高针对性。本节将介绍常见应用场景、具体实施流程以及一个英语学习的案例，帮助读者更好地掌握DeepSeek 辅助复习与测验的实操方法。

4.2.1 常见应用场景

针对不同的学业和考试需求，DeepSeek 能提供定制化的复习提纲及测验模拟题，以帮助读者构建有针对性的学习方案。

1. 大考前冲刺

学生需要在期中、期末或高考等大型考试前快速汇总各科要点，并按照知识结构进行分层复习。

提示词示例：

> 我想要为下个月的高一期末考试撰写复习提纲，主要科目包括数学、英语、物理，考试范围与考点总结见文档。请根据各科的大纲与笔记，帮我生成一个分主题的复习路线，每个主题列出关键概念或常考点。

2. 阶段性测验

针对某一门课程的章节或单元测试，进行知识查漏补缺，让学习者知道哪些部分尚需强化。

提示词示例：

> 请根据我提供的"微积分第三章笔记"，帮我梳理该章节的核心公式与例题，并提供 10 道左右的测验题，用于自我检测。

3. 竞赛备考

参加数学竞赛、编程竞赛或语言竞赛等之前往往需要模拟竞赛场景并强化题目解析能力，以适应高强度的竞赛节奏。

提示词示例：

> 我正在备战全国英语演讲比赛，请帮我设计一个模拟测验，包括演讲主题、思路引导和可能的评委提问，并给出要点解析，让我更好地适应现场答辩环境。

4.2.2　操作与实施流程

构建一套自主复习提纲与测验模拟流程，可以参考以下四个步骤。

1. 目标设定

在开始前，首先需要明确学习目标。例如，"期中考试复习提纲""某一科目专题测验"等。只有确定了目标，DeepSeek 才能有针对性地为用户输出所需的复习路径和测验题型。

操作重点：

（1）明确考试 / 测验的科目、主题和范围；

（2）指定时间周期（如一周内复习完成或每日复习）；

（3）指出目前的薄弱环节和优先需要攻克的内容。

提示词示例：

> 我想在两周内完成大学物理期末复习，范围包括力学、热学、电磁学三部分。请帮助我制定一个复习目标，以章节为单位进行计划，并突出重点公式与常考题型。

2. DeepSeek 提纲生成

在确定了复习、测验目标后，可将课程大纲、已有笔记或习题集输入 DeepSeek，让它生成一份简明的复习路径。例如，按章节先后列出核心概念或知识模块，附带简单的"注意事项"或"易错点"，帮助学习者迅速抓住复习重点。

操作重点：

（1）导入尽量完整的课程资料（如讲义、笔记、真题分析、重点题目），使 DeepSeek 对学习内容有全面的认识；

（2）告知 DeepSeek 需要的呈现形式（如树状结构、时间分配表、按难度分层等）；

（3）若特别关注某些难点或者高频考点，可在提示词中强调，确保 DeepSeek 优先整理相关内容。

提示词示例：

> 请根据以下高等数学笔记与考试大纲，帮我生成一个两周复习提纲，要求如下。
>
> （1）按章节 / 知识模块顺序排列；
>
> （2）列出每个模块的核心公式与典型例题；

（3）标明容易出错的环节。

3. 创建模拟测验题目

在完成复习提纲后，可以利用 DeepSeek 为每个知识模块设计模拟测验题目。题型可多样化，如选择题、填空题、简答题、综合分析题等，并可附上参考答案或答题思路，帮助学习者自检。

操作重点：

（1）输入题库或者既有考试大纲，让 DeepSeek 在此基础上生成仿真试题，并添加适度变形题或创新题；

（2）指定题型数量、题目难度与分值设置等，生成贴近真实考试的测验试卷；

（3）要求 DeepSeek 给出简要的答案或解析，有助于学习者复盘错误并理解答题思路。

提示词示例：

请为我生成一份"高中物理电磁学章节"的模拟测验试卷，共 15 道题，包含选择题、计算题和实验设计题。难度分配：5 道基础题、5 道中等题、5 道拔高题。每道题后附上简要解答思路。

4. 复盘与反馈

完成模拟测验题目后，学习者可进行错误统计，并让 DeepSeek 针对错误题目或模糊知识点进行更深入的解析或补充讲解。这样一来即可实现"发现问题—针对性攻克—再测试"的高效学习循环路径。

操作重点：

（1）将错题或不理解的概念再次输入 DeepSeek，询问更详细的原理、解题思路或辅助练习；

（2）做到定期复盘、查漏补缺，比如每隔 2 ～ 3 天重新检验前一次测验中失分较多的知识块；

（3）结合 DeepSeek 的分析和学习者的思考，调整后续复习重点，集中精力攻克最薄弱的环节。

提示词示例：

> 我在模拟测验的第 8 题（电磁感应原理）上失分严重，请帮我进行更详细的思路拆解，包括为什么会产生感应电流、常见计算公式以及容易犯的错误。附加两道类似题作为巩固练习题。

4.2.3 案例演示：期末英语听力与阅读测验设计

以"期末英语听力与阅读测验"为例，展示利用 DeepSeek 生成模拟测验的整个流程。

1. 学习目标

> 背景：英语期末考试包含听力和阅读两大板块。听力部分包括日常对话、学术讲座；阅读部分包括新闻报道、科技类文章。

2. 输入往年考试范围、题型特点

将历年真题范围和题型特点输入 DeepSeek，并说明目标，让它生成听力材料（对话情景、关键词语）和阅读短文。

> 用户：
>
> 以下是过去三年期末英语考试的题型分布与常考主题，我需要一份模拟测验题。
>
> （1）听力部分：日常对话、校园场景、新闻报道；
>
> （2）阅读部分：时事评论、科普文章；
>
> （3）题型包含选择题与判断题。
>
> 请根据这个范围帮我生成听力和阅读综合测试的材料。
>
> ……
>
> DeepSeek：

Ⅰ. Listening Section（听力部分）

本部分包含 3 段材料：日常对话、校园场景、新闻报道。

Part A: Daily Conversation（日常对话）

Script

M: Hey, Sarah! It's been a while since we last met. How have you been?

W: I've been pretty good, Mark. I've been busy with my new job at the coffee shop downtown.

M: That's great! Are you enjoying it?

W: Yes, I am. I love meeting different people and learning how to make various coffee drinks. What about you?

M: I just started taking evening classes to improve my computer skills.

W: That's awesome. Good luck with your classes! Maybe you can show me what you've learned sometime.

Part B: Campus Scenario（校园场景）

……

Part C: News Report（新闻报道）

……

Ⅱ. Reading Section（阅读部分）

本部分包含 2 篇阅读材料：时事评论（评论时事热点）和科普文章（主题为科学新知）。

……

3. 让 DeepSeek 生成多组仿真题

DeepSeek 可以根据已有的题型特点，生成若干道题目（具体题量可提前指定）。同时，它可提供每道题的正确答案及解析思路。

> 用户：
>
> 请根据考试范围和考试大纲，给前面每一篇材料生成 3 道题目，并附上详细的答案解析。
>
> DeepSeek：
>
> 以下是一份基于你提供的题型分布和常考主题而设计的模拟测验题，包含了"听力部分"与"阅读部分"的综合题目、答案及解析。你可以将"听力部分"中的对话和文章当作录音或口头材料来练习。为了方便，此处以文字脚本的形式提供"听力部分"的内容。根据要求，整份试卷的题型涵盖了选择题和简单判断题（True/False）。题目及答案均以英文呈现，并附有中文解析。
>
> Ⅰ. Listening Section（听力部分）
>
> Part A: Daily Conversation（日常对话）
>
> Script
>
> ……
>
> Questions
>
> Where does Sarah work?
>
> A. At a bookstore.
>
> B. At a coffee shop.
>
> C. At a computer company.
>
> D. At a restaurant.
>
> What is Mark currently doing?
>
> A. He's looking for a new job.
>
> B. He's moving to a new city.
>
> C. He's taking computer classes.

D. He's learning how to make coffee.

True/False: Sarah is unhappy with her job.

Part B: Campus Scenario（校园场景）

……

Part C: News Report（新闻报道）

……

Ⅱ . Reading Section（阅读部分）

请阅读文章并回答后续问题。

……

Ⅲ . Answer Key & Explanations（答案与解析）

Listening Section

Answer: B

Explanation: Sarah mentions she works at a coffee shop downtown.

（中文解析：Sarah 明确提到她在市中心的一家咖啡店工作。）

……

使用建议：

听力练习：在真实测试中可将听力脚本改编为音频材料，只让考生听音频并回答问题，锻炼听力理解能力。

阅读练习：注重逻辑分析与关键细节的捕捉，先快速浏览文章获取整体信息，再回到题目定位相应段落进行细节理解。

答题技巧：针对判断题（True/False），留意关键词，如 always、never、not 等词；选择题则注意文章或对话中的对照、转折与细节描述。

以上是一份结合了"听力"与"阅读"的模拟综合测试示例，包含文本内容及答案解析，可帮助你有针对性地进行复习和备考。祝你学业顺利，考试成功！

DeepSeek 所生成的只是一些听力文本，实战中我们可以跟其他同学交换文本，或者让父母帮助我们，并借助一些外部工具来实现文本转语音的转换工作。具体的方法会在本书的拓展篇中详细讲解。

4. 根据测验结果重点复习薄弱板块

在完成 DeepSeek 生成的模拟测验题后，学习者可以通过统计答题错误来判断自己在词汇、听力理解、文章主题分析等方面的不足。在 DeepSeek 的辅助下，学习者可进一步获取强化练习建议，以达到灵活调整复习重点的目的。

4.3 解题思路辅助与难点分析

如果在学习过程中遇到复杂、陌生的问题，无论是数学／理工科的公式推导、法律／商业领域的案例分析，还是开放性哲学问题，DeepSeek 都能通过多步推理为学习者提供多种解答思路，并对疑难点进行拆解、分析。

4.3.1 典型使用场景

无论学习哪个学科，学习者都可以让 DeepSeek 提供解题思路与难点分析，以下场景均附有提示词示例，帮助读者快速上手。

1. 数学／理工科题目分析

DeepSeek 可对数学、物理力学、编程算法等领域问题进行分析，具备较强的逻辑推理与数学分析能力。

提示词示例：

> 　　下面这道微积分题涉及不定积分与微分方程的混合求解，想请你帮忙理清推导思路，并指出常见的错误陷阱。

2. 逻辑推理与案例分析

DeepSeek 适用于社会学调研、法律案例与商业案例分析等场合，可多角度审视并提炼出关键论点、因果关系。

提示词示例：

> 下面是一起商标侵权的法律案例，请帮我梳理案件背景、争议焦点以及可能的法理依据，最后给出一个合理的判定建议。

3. 开放性问题

DeepSeek 多角度探讨伦理、哲学或文学话题，虽然该类话题没有唯一正解，但 DeepSeek 可提供深层次观点，进行批判性、多角度分析。

提示词示例：

> 我想就"人工智能是否会取代人类创造力"这一话题展开探讨，麻烦你从技术、经济、伦理三个方面进行分析，并列举几种可能的未来演变路径。

4.3.2　操作步骤与提示技巧

为了让 DeepSeek 更好地提供解题思路和进行案例分析，可按照以下四个步骤逐层拆解问题与验证答案。

1. 明确问题背景

在向 DeepSeek 提出问题前，最好先把题目的前提条件与所需知识点罗列清楚，比如"这是一道关于多元函数积分的计算题，需要用到向量场或雅可比矩阵的相关知识"，以便 DeepSeek 在回答时更能抓住重点。

操作重点：

（1）说明问题所涉及的领域（数学、编程、社会学等）；

（2）列出题目已知的条件及限制，如参数范围、可用定理、目标结果形式（数值结果、论述结论、代码实现等）。

（3）如果是开放性问题，可提示从哪些角度进行思考。

提示词示例：

> 下面是一个有关混合动力汽车市场竞争的商业案例。我想从市场结构、成本分析、消费者偏好三方面探讨问题。以下是我收集的背景数据，请帮我梳理可能的竞争策略以及商业模式。

2. 推理过程引导

如果想要得到一个合格的答案，最好在提示词中强调"分步骤解决"，让 DeepSeek 逐步进行演绎推理，而非仅给出一个简短且缺乏细节的结果。可以让 DeepSeek 先分析问题的表面特征，再从知识库中调用相关概念、定理，最后得出结论，提出可能的解决办法。

操作重点：

（1）使用提示词如"请逐步列出解题过程"或"请先概述思路，再给出具体细节"，让 DeepSeek 展示推理过程；

（2）在关键推理、转折点上增加提示，要求 DeepSeek 多角度分析，避免漏掉其他可行路径；

（3）如果觉得 DeepSeek 的分析顺序不理想，可要求它重新组织推理顺序。

提示词示例：

> 请分步推导这道微积分题，先从设定积分变量与边界开始，然后讨论是否可以使用分部积分法或替换法，最后说明每一步得到的函数形式。

3. 难点聚焦

如果在推理过程中"卡壳"在部分难点上，学习者可让 DeepSeek 专门对此难点展开多角度解释和举例。

操作重点：

（1）突出问题中的难点，如某问题需要特定技巧、定理才能解；

（2）要求 DeepSeek 给出多元化解释，并进行对比分析。

（3）对于开放式问题，要求 DeepSeek 列出不同立场、学派的观点，便于在多元思维中找到合适的观点。

提示词示例：

> 矩阵对角化这一环节我没想通，你能详细解释一下为什么特征值和特征向量在这个问题中起核心作用吗？如果特征值存在复数情况，又该怎么处理？

4. 结果验证

当 DeepSeek 给出最终解法和关键结论后，学习者应结合参考答案对它的解题过程进行回推。DeepSeek 的逻辑推理与数学分析能力虽然非常强，但是有时也会出错。

操作重点：

（1）对数值问题和理论推导进行验证，确认其正确性；

（2）在代码相关问题上，可尝试在集成开发环境（IDE）中运行并观察实际输出；

（3）对于主观论证性问题，寻找权威文献或者同领域讨论，通过对比，分析其给出的观点是否有深度。

提示词示例：

> 根据你的推理过程，我将这个函数在计算机代数系统里做了数值实验，发现结果基本吻合。你能再提醒我一下，这种方法在哪些条件下会失效或需要改进吗？

4.3.3　案例演示：一道高等数学积分题的多重解法

以"高等数学积分题"为例，让读者直观感受 DeepSeek 如何生成多种解法思路，并逐步标注关键推导过程以及分析潜在难点。

1. 题目输入

> 题目示例：
>
> 设函数
>
> $$f(x) = x^2 \cos(x)$$
>
> 求以下定积分
>
> $$I = \int_0^{\frac{\pi}{2}} x^2 \cos(x) \mathrm{d}x$$
>
> 已知条件：可使用常见积分技巧，如分部积分、代数转化等。允许采用任何三角恒等式或技巧进行简化，但应在推导中注明。

2. 初步求解

提供积分题目与已知条件，进行初步求解。

> 用户：
>
> 请帮我解这道积分题：$\int_0^{\frac{\pi}{2}} x^2 \cos(x) \mathrm{d}x$，并详细列出每个推导步骤，以及在每一步需要用到的微积分知识点。
>
> DeepSeek：
>
> 第 1 步：确定所用方法——分部积分法
>
> 微积分知识点：
>
> 分部积分法（integration by parts）是一种根据乘积微分公式推导出来的积分技巧。当被积函数可以表示为两个因子的乘积形式（常见的是一个因子便于求导，另一个因子便于求积分）时，可采用该方法。

分部积分法公式：

$$\int u\,\mathrm{d}v = uv - \int v\,\mathrm{d}u.$$

对于 $\int_0^{\frac{\pi}{2}} x^2\cos(x)\mathrm{d}x$ ，我们可以将被积函数 $x^2\cos(x)$ 拆分为 $u = x^2$ ，因为它在求导后会"降次"，变得更简单；

$\mathrm{d}v = \cos(x)\mathrm{d}x$ ，因为它的积分是 $\sin(x)$ ，比较容易求。

第 2 步：第一次分部积分

……

第 3 步：引入新的积分并再次分部

……

第 4 步：将 J 的结果带回

……

第 5 步：总结结果

……

知识点回顾与总结：

1. 分部积分法

$$\int u\,\mathrm{d}v = uv - \int v\,\mathrm{d}u$$

在本题中，先选 $u = x^2$ ， $\mathrm{d}v = \cos(x)\mathrm{d}x$ ，实现对 $x^2\cos(x)$ 的第一次分部积分。然后为了计算中间产生的新积分 $\int x\sin(x)\mathrm{d}x$ ，再次使用分部积分。

2. 常见三角函数积分

$$\int \cos(x)\mathrm{d}x = \sin(x) , \quad \int \sin(x)\mathrm{d}x = -\cos(x)$$

3. 边界项的正确计算

在进行分部积分时，要格外小心地代入上下限，避免漏掉边界项。

利用这些知识点有条理地进行分部积分和后续化简，即可获得最终答案。

3. 展示多种解法

上一步 DeepSeek 给出了利用分部积分法的解题思路，我们还可以要求 DeepSeek 给出更多的解法以扩展解题思路。

用户：

请给出更多的解题思路，并对解题方法进行详细解释。

DeepSeek：

下面给出若干种解题思路，展示如何从不同角度求解。

$$\int_0^{\frac{\pi}{2}} x^2 \cos(x)\mathrm{d}x$$

这些方法最终都能得到同样的结果：

$$I = \frac{\pi^2}{4} - 2$$

思路一：逐次分部积分（常规方法）

这是最常见、最"教科书式"的方法，具体步骤在前面已详细阐述。核心思想如下。

（1）第一轮分部：令 $u = x^2$，$\mathrm{d}v = \cos(x)\mathrm{d}x$。

（2）第二轮分部：对新出现的 $\int x\sin(x)\mathrm{d}x$ 再做一次分部。

最终得到

$$\int_0^{\frac{\pi}{2}} x^2 \cos(x)\mathrm{d}x = \frac{\pi^2}{4} - 2$$

知识点：分部积分法、三角函数的基本积分公式。

思路二：使用表格型方法（tabular method）

表格型方法其实是一种对"反复分部积分"进行表格化的速算方式，可以直接处理"多次分部"的情况，尤其适合多项式 × 指数或三角函数。

（1）列出多项式 x^2 反复求导的结果：

$$x^2 \xrightarrow{\text{derive}} 2x \xrightarrow{\text{derive}} 2 \xrightarrow{\text{derive}} 0$$

（2）列出 $\cos(x)$ 反复积分的结果：

$$\cos(x) \xrightarrow{\text{integrate}} \sin(x) \xrightarrow{\text{integrate}} -\cos(x) \xrightarrow{\text{integrate}}$$
$$-\sin(x) \xrightarrow{\text{integrate}} \cos(x) \quad (\ldots)$$

（3）将它们交替相乘并带符号（根据分部积分的正负号规律），再考虑上下限 0 到 $\pi/2$。

不过无论是显式写出还是运用"搭配和符号"规则，整个过程与"逐次分部"相似，只是表格型方法的推导过程更紧凑，减少出错概率。

思路三：利用幂级数展开

……

思路四：引入参数的技巧（费曼（Feynman）技巧 / 延拓思路）

……

思路五：使用通用的"幂次 × 三角函数"递推公式

……

思路六：直接将 $x^2\cos(x)$ 看作实部

……

小结

……

4. 与标准答案比对，评估正确性与思路广度

得到 DeepSeek 的多种解法后，用户可将最终结果与教材、计算机代数系统进行对照，看是否有错误。若一致，则可采纳该思路，然后对不同解法的优劣进行归纳与总结。

4.4　多语言学习与翻译训练

无论是英语、法语、日语、德语等外语的日常用语，还是涉及法律、商务、技术等领域的专业外语，DeepSeek 都能帮助学习者高效地进行文本翻译和语法剖析。本节将介绍主要应用场景、操作流程与实用技巧，并通过案例让读者直观地了解如何运用 DeepSeek 进行多语言学习。

4.4.1　主要应用场景

多语言学习与翻译需求涉及如下常见场景。

1. 外语学习

DeepSeep 针对常见外语（如英语、法语、日语、德语等）的文本翻译与语法学习，提供从基础语法到高级写作的全方位辅助。

提示词示例：

> 我想从零开始学习德语，请先帮我列一个学习计划，并翻译一些基础问候语和日常用语。

2. 专业语言训练

法律英语、商务英语、技术英语等强调专业术语表达的准确性，DeepSeek 可对合同、科研论文等复杂文本进行深度翻译。

提示词示例：

> 这是一份英文商务合同，请帮我翻译成中文，特别注意保证各项条款的专业性和法律术语的准确性。

3. 文化内容理解

对外文文献、新闻文章、文学作品进行深度翻译与解读时，除了理解词义之外，还需要结合文化背景、写作风格进行全方位理解。

提示词示例：

> 请翻译这篇日语文学短文，保留原文的语气与意境，同时提供一些文化背景解释，便于我更好地理解作者的用意。

4.4.2 操作流程与实用技巧

以下四个步骤能够帮助学习者在多语言学习与翻译时充分利用 DeepSeek 的能力。

1. 翻译 / 学习目标设定

在开始之前，学习者应明确语言水平、应用场景（如学术、日常、商务）以及期望的输出形式。这有助于 DeepSeek 精准地匹配语言风格与术语要求。

操作重点：

（1）明确学习的语言或翻译场景，比如日常对话、学术论文、商务合同等；

（2）设置难度层级，针对初学者或者中高级水平学习者，DeepSeek 可在输出中调整用词复杂度和句式复杂度；

（3）指明是否需要"直译 + 语法注释""重点词汇标注"等。

提示词示例：

> 我正在准备商务出差，需要和国外客户进行邮件沟通和简单谈判。请先为我制定一个为期两周的商务英语学习目标，重点学习常用行业术语与谈判词语。

（2）分段翻译与语法剖析

将较长的文章、材料分段输入 DeepSeek，便于它逐句逐段地进行精细化翻译与语法说明。这样能让学习者获得即时语法解析，并避免一次输入过长文本，导致信息冗余以及重点丢失。

操作重点：

（1）避免一次输入过长文本，宜分章或分段进行，便于 DeepSeek 高质量分析；

（2）对于重要的句式、习语，可在提示词中要求 DeepSeek 着重解析其语法结构和文化含义；

（3）建议先查看 DeepSeek 生成的译文，再根据需求追加提示，如"请改写得更正式 / 更口语化"等。

提示词示例：

> 请将这篇技术文章分三个部分进行翻译，并在每段译文后附上一小段语法解析和常用词语解释。文章主题是"云计算架构与数据安全"，请使用专业的技术术语。

3. 纠错与风格提升

当 DeepSeek 翻译完成后，学习者可以根据 DeepSeek 的翻译结果提出更高的要求，或要求它使用特定风格（如演讲风格、新闻稿风格、学术风格）进行改写。同时，也可让它进一步提高用词准确性、句式多样性等。

操作重点：

（1）多次迭代，让 DeepSeek 输出的翻译内容更符合要求，比如"这句话太啰唆，怎样调整才能更加凝练？"

（2）注意专业术语、专有名词，必要时需要人工审校或对照官方翻译表，以确保准确无误。

（3）若涉及文化背景或者文体差异，可追加提示，要求 DeepSeek 结合上下文进行更丰富的表达。

提示词示例:

请在之前翻译版本的基础上，去掉冗长句式，并提升演讲感染力。我要把这篇文章作为公开演讲稿，故需要内容流畅且有力量。

4.4.3　案例演示：翻译一篇科技新闻

以"科技新闻翻译"为例，说明如何在实际操作中利用 DeepSeek 完成语言翻译。

1. 输入原文摘录，给出第一版翻译与解析

背景：学习者找到一篇英文科技新闻报道，介绍某家高科技公司的最新产品发布会，涉及很多技术名词和行业信息。

将新闻的关键段落分段输入 DeepSeek，标注希望得到的输出形式，如"中英对照＋词语注释"。

用户：

以下是一篇关于新能源车电池技术突破的英文新闻摘录，请帮我逐段翻译成中文，并在每段后列出关键词与短语解释，沿用新闻报道的语言风格。

……

DeepSeek：

Paragraph 1：

A new solid state battery technology, unveiled this week by Aurora Energy Solutions, promises to deliver faster charging times and significantly longer ranges than current lithium-ion models.

中文翻译：

本周，由极光能源解决方案公司推出的一项全新的固态电池技术，

有望实现更快的充电速度，并在续航里程方面大幅超越现有的锂离子电池。

关键词与短语解释：

solid state battery: 固态电池

unveil: 揭示、公开发布

faster charging times: 更快的充电速度

significantly longer ranges: 显著延长的续航里程

lithium-ion models: 锂离子电池型号

Paragraph 2 :

……

2. 注意专有名词与术语

DeepSeek 翻译完成后，学习者需要核对专有名词或缩写的准确性，尤其是初次出现时是否保留英文原文或者相关注释。若不准确，可向 DeepSeek 提出更正的请求。

用户：

对于"solid state battery"这种电池类型，请在译文中保留原英文名称，并附上简短的备注，说明其与传统锂电池的差异。

DeepSeek :

Paragraph 1 :

A new solid state battery technology, unveiled this week by Aurora Energy Solutions, promises to deliver faster charging times and significantly longer ranges than current lithium-ion models.

中文翻译：

本周，由极光能源解决方案公司推出的一项全新 solid state battery（与传统锂离子电池相比，solid state battery 采用固态电解质，具有更高的安全性和能量密度）技术，有望实现更快的充电速度，并在续航里程方面大幅超越现有的锂离子电池。

关键词与短语解释：

solid state battery: 固态电池（采用固态电解质的电池类型）

unveil: 揭示、公开发布

faster charging times: 更快的充电速度

significantly longer ranges: 显著延长的续航里程

lithium-ion models: 锂离子电池型号

第5章 DeepSeek 在生活中的应用

本章聚焦日常生活中常见的需求场景，展示 DeepSeek 如何在求职、旅行、兴趣拓展等方面提供多维度的辅助和灵感，让读者感受 AI 所带来的便捷与乐趣。

5.1 求职简历的定制与优化

在求职市场竞争激烈的当下，是否拥有一份突出个人优势、契合目标岗位要求的简历决定了求职者能否得到面试机会。具有不同文化背景的求职者在撰写简历时面临着不同的挑战，借助 DeepSeek 的分析能力，求职者可在短时间内完成简历的初稿，经过多次改进迭代后，让简历更专业、更具特色。本节将介绍典型应用场景、操作流程，以及通过简短案例展示如何提高求职简历的质量与竞争力。

5.1.1 常见应用场景

以下三个场景涵盖了从应届毕业生到资深职场人士的简历编写需求。

1. 应届毕业生

应届毕业生在校期间缺乏正式工作经验，需要将校园经历（社团活动、学术项目、实习）提炼出来，突出自己的潜力与可塑性。

提示词示例：

> 我是一名应届毕业生，主修市场营销，想在简历中凸显我的社团领导经验和一次市场调研实习经历。请帮我撰写一段个人简介，并突出与市场推广类岗位相关的技能。

2. 职场转型者

职场转型者从一个行业、岗位转向另一个行业、岗位时，需要强调可迁移技能，以说明自己具备适应新行业、岗位的潜力和适应能力。

提示词示例：

> 我原本从事财务工作，现在想转型到数据分析岗位。请帮我在简历中突出数据处理、报表分析等可迁移技能，并简要提及我自学 Python 的经历。

3. 资深人士

资深人士工作年限长、项目经验丰富，简历内容容易冗杂，需要精简和提炼核心价值，展现与目标职位的高度契合度。

提示词示例：

> 我在互联网行业已有 10 年工作经验，曾在 3 家公司任职，涉及项目管理、团队搭建和业务战略规划。请帮助我梳理出最能体现领导力与业绩成果的要点，用于投递高管职位。

5.1.2　操作流程与关键步骤

无论有着怎样的定位，建议在使用 DeepSeek 进行简历撰写时，按以下五个关键步骤进行。

1.目标岗位分析

在开始编写简历前，先要深入了解目标岗位，包括其招聘信息、核心技能要求、公司文化与业务特点等。只有弄清楚"企业想要什么"，才能在简历中有针对性地体现"我能提供什么"。

操作重点：

（1）收集目标公司岗位的要求，逐项列出从软技能到硬技能的技能需求；

（2）分析岗位描述中的关键词，如"团队协作""数据分析""项目管理"等；

（3）如有内推信息或行业熟人，可以多了解该公司的价值观以及用人偏好。

提示词示例：

> 我想投递一家电商平台的数据分析师岗位，这是他们的招聘描述："要求熟悉 SQL，掌握数据可视化工具，有电商行业数据建模经验者优先。"请帮我梳理这些要点，并结合我的个人情况（熟悉 Python 和 Tableau）找出可强调的匹配点。

2.个人经历结构化

在明确了企业需求后，需要对个人经历进行结构化梳理。具体包含工作/实习经历、项目成果、教育背景、技能证书、获奖荣誉等。把这些信息按时间或重要程度列出，以便 DeepSeek 在撰写时更好地调用与组合。

操作重点：

（1）整合过往经验，用"项目名称＋岗位职责＋成果/业绩"的形式呈现，简洁易读；

（2）列出与目标岗位强相关的技能以及证书，如项目管理专业人员（PMP）证书、国际交流英语考试（TOEIC）成绩、数据分析专项培训等；

（3）若是应届毕业生，可突出学术项目、社团活动、竞赛获奖等实习或实践经验。

提示词示例：

> 以下是我的主要经历：
>
> （1）××科技公司前端开发实习（3 个月），协助开发公司官网；
>
> （2）校园编程社团负责人，组织过两次编程马拉松；
>
> （3）掌握 HTML、CSS、JavaScript，熟悉 Vue 框架；
>
> 请帮我将这些信息进行结构化，为前端工程师岗位制作一个核心经验清单。

3. DeepSeek 生成初稿

完成目标岗位分析与个人经历梳理后，可向 DeepSeek 提供相应信息与要求，生成第一版简历。此时务必检查语言流畅度、要点突出度和核心匹配度。

操作重点：

（1）在提示词中说明希望的简历风格（正式 / 半正式 / 创意风）、篇幅、重点突出部分等；

（2）对深度技术或专业领域，可附加"请保留常用术语""避免过度简化"，以体现专业性；

（3）若岗位需要中英文简历，则可提示 DeepSeek 在生成初稿时输出中英文双版本。

提示词示例：

> 请根据我提供的经历清单，撰写一份简洁且富有条理的中英文简历初稿，中文侧重在校成绩与项目经历，英文则突出技术栈与海外实习经历。

4. 润色与差异化

在初稿的基础上，让 DeepSeek 针对"文风""关键词表达""成就量化"等方面进行多次优化。可同时提炼"个人品牌标签""核心竞争力"词句，使简历的特色更加鲜明。

操作重点：

（1）强调量化成果，如"将注册转化率提升 20%""主导 3 人团队，完成项目原型（Demo）5 个"等；

（2）去冗余、留精华，避免堆砌多余的形容词或华而不实的描述；

（3）按不同公司岗位需求做微调，如针对互联网产品岗位强调用户增长数据，针对传统企业岗位突出稳健业绩与流程优化等。

提示词示例：

> 请进一步突出"我在实习中开发的微信小程序上线后当月用户量从 0 增至 3000"这段经历，最好能点明团队规模、个人贡献百分比，让企业感觉我具备独当一面的能力。

5. 定稿与投递准备

在获得满意的简历文本后，我们还需要进行最后的排版与细节补充。比如，在页眉加上个人邮箱与电话，或在简历末尾加上关键项目链接与作品集。如果附件中附有作品集或者推荐信，可在简历中用一两句话引导企业招聘人员阅读。

操作重点：

（1）检查联系方式是否完整且有效，如手机、邮箱、LinkedIn 等；

（2）在简历末尾可加上"如需作品集或参考案例，欢迎点击以下链接"或"可随时与我联系"之类的话语；

（3）留意文件命名（如姓名+应聘岗位+日期），使招聘方一眼识别你的投递内容。

提示词示例：

> 请在最后一段加上"本简历包含主要项目经历，详细案例演示见 GitHub 链接"，并告诉我是否需要在简历中附带个人公众号文章链接以供 HR 参考。

5.1.3 案例演示

下面的简短案例将示范如何使用 DeepSeek 来优化实习生经历以及项目经验，并展示前后输出的对比效果，以帮助读者直观地理解语言与结构调整带来的变化。

1. 初始信息

> 大三暑期，我在一家初创电子商务公司实习，从事社交媒体运营，主要负责微博和抖音账号的日常内容更新，吸粉成果一般，1 个月约增粉 200 人。除了做常规数据报表，也跟进过一次小型营销活动。

2. DeepSeek 生成初稿

> 用户：
>
> 请帮我将上述信息写成一段简历描述，重点突出个人贡献及关键数据。
>
> DeepSeek：
>
> 在 ×× 电子商务公司担任社交媒体运营实习生，负责微博和抖音的日常更新及粉丝互动，一个月内帮助官方账号获得约 200 名新粉丝。同时协助整理数据报表，并参与一次营销活动策划，增强了个人对短视频内容运营的理解。

3. 前后对比与优化

初稿语言相对简洁，可进一步凸显"活动策划"或"社交媒体策略"层面的个人思考与成果。

> 用户：
>
> 请在描述中量化活动成果，并说明我在活动策划中的具体角色。语气可以更积极一些，突出我对运营策略的思考。

> DeepSeek：
>
> 在××电子商务公司实习期间，主导微博、抖音账号的内容选题与发布，单月内为平台带来约 200 名新粉丝。通过数据分析报告，提出以短视频互动话题为核心的运营策略，并在一场小型营销活动中担任主要策划和执行角色，成功吸引超 500 次用户互动，为团队获得宝贵的社交媒体运营经验。

5.2 面试问答模拟

简历是求职的"敲门砖"，进入面试环节后，巧妙地展现自身实力、应对面试官的问题，才是被录用的关键。通过 DeepSeek 的模拟能力，读者能在家中对特定岗位的潜在问题进行针对性演练，并不断微调回答内容，使其更契合个人经历与职位要求。本节将介绍常见应用场景、操作步骤及案例演示，帮助读者把握从技术类问题到管理类面试的多种应对策略。

5.2.1 常见应用场景

面试形式多样，无论是结构化面试还是技术类、管理类面试，都需要应聘者在短时间内给出最优解。以下三个场景附有提示词示例，读者可在 DeepSeek 中快速创建相应的模拟提问，获得解答思路。

1. 结构化面试

政府部门、金融机构等常用"结构化面试"模式，题型固定且偏向考查应聘者的综合分析能力与应变能力。

提示词示例：

> 　　我在准备银行柜员面试，请帮我模拟结构化面试的问答场景，例如"如何处理顾客投诉""团队中遇到难沟通的伙伴怎么办"，并给出回答要点。

2. 技术类面试

IT 行业技术岗位的面试会对应聘者的专业技能与项目成果进行深入考察。

提示词示例：

> 　　请根据我投递的后端开发岗位描述，模拟几道常见面试问题，如数据库性能优化、分布式系统设计，并给出回答思路。

3. 管理类面试

这类面试主要对项目管理、团队管理能力进行考察，一般会聚焦于领导力、决策能力、人际沟通能力与突发事件处理能力等方面。

提示词示例：

> 　　我想应聘项目经理岗，面试中会考察领导力和跨部门沟通能力。请帮我列举常见问题，比如"如何处理团队冲突""如何激励成员"，并附上回答的核心逻辑。

5.2.2　操作步骤

利用 DeepSeek 模拟面试场景，建议按照以下四步走，并在实际操作中灵活运用"多次迭代提示"的技巧。

1. 岗位信息输入

面试问答要"对症下药"，先要输入岗位信息和公司背景，让 DeepSeek 清楚地知道你应聘的职位、领域与技能需求。若招聘岗位有特殊要求也应输入 DeepSeek，让 DeepSeek 在问题设计和回答思路上更精准。

操作重点：

（1）列出公司行业、业务模式、产品/服务类型，并说明应聘岗位的职责与要求；

（2）若有特别要求（如语言能力、弹性加班、轮岗制度等），也可在提示词中写明；

（3）指定面试官可能从哪些角度切入提问：技术原理、项目管理、职业规划、人际沟通等。

提示词示例：

> 我想应聘一家数据分析初创公司，他们做用户行为数据采集与预测模型开发。以下是他们的岗位职责描述：
>
> ......

2. 模拟问答生成

DeepSeek 了解了岗位背景后，可以列举典型面试题，并根据求职者的情况（如实习经历、技术特长等）给出大纲式回答。这既能帮助求职者梳理答题思路，也利于求职者进行自我反思和话术优化。

操作重点：

（1）让 DeepSeek 生成"问答"形式的内容，以及可能被问到的问题清单与对应思考要点；

（2）关注开场白和自我介绍内容，对于离职原因、职业规划、薪资期待等敏感话题也需要精心设计；

（3）检查回答是否过于模板化，根据个人经历、个性风格进行调整。

提示词示例：

> 请模拟后端开发面试官的角色，提出八个问题，包括技术细节、项目经验、团队协作等，每个问题提供简要回答示例。

3. 多角度练习

面试中还会有一些开放性问题，如"职业规划""人际冲突解决""个人优缺点"等。可让 DeepSeek 给出多个回答思路，避免答题千篇一律。

操作重点：

（1）针对同一问题，提示 DeepSeek 给出两到三种回答思路，如技术型、管理型、情感型等。

（2）强调面试官可能追加提问，要求 DeepSeek 提供更深入的回答链；

（3）对于某些敏感领域（如薪资要求、跳槽动机），可以让 DeepSeek 提供多种婉转的表达方式。

提示词示例：

> 请针对"谈谈你三到五年的职业规划"这个问题给我提供三种不同回答思路，分别突出不同侧重点：
>
> （1）技术专家路线；
>
> （2）项目管理路线；
>
> （3）创业方向。

4. 自检与提升

在获得 DeepSeek 的回答示例后，求职者还需要进行一些修改，让回答内容更贴合自身经历、个性与价值观。可以保留核心关键词以及思路，同时调整细节以确保回答真实可信。

操作重点：

（1）对照自己的职业经历，剔除不匹配的内容，增加更具个人特色的案例；

（2）注意回答的逻辑顺序和语言的连贯性，避免模板化痕迹太明显；

（3）成稿后进行口头模拟并录制视频，看看自己的表达是否流畅自然。

提示词示例：

> 你给的回答中提到了"我领导过一个八人团队"，但我在现实中只有三人团队管理经验。请保留回答思路，但改成更贴合我实际经历的表述方式，并突出我在带领新人成长方面的贡献。

5.2.3 案例演示

下面的案例从一家知名互联网公司（以"××科技"为示例）的招聘启事出发，展示了如何在 DeepSeek 的帮助下进行面试问答模拟，并结合个人背景进行调整的过程。

1. 岗位与公司信息

> 公司背景：××科技，知名互联网企业，主要业务为移动应用与云服务。
>
> 招聘职位：后端 Java 开发工程师，侧重高并发处理与分布式架构。
>
> 技能要求：熟悉 Java、Spring 框架、分布式系统设计；具备团队协作与 CI/CD 实践经验。

2. DeepSeek 模拟面试官提问

> 用户：
>
> 这家公司对 Java 后端开发有较高要求，我的经历是 1 年实习（主要使用 Java 和 MySQL），开发过一个高并发秒杀系统的小型项目。请帮我列举 6 道常见面试问题，每题附示例回答要点，突出项目经验与学习能力。
>
> DeepSeek：
>
> （1）请谈谈你在开发秒杀系统项目过程中遇到的最大技术挑战，并说明是如何解决的？
>
> （2）如何设计高并发环境下的数据库读写分离？

（3）SpringBoot 和 SpringMVC 在实际项目中如何划分职责？

……

3. 结合个人背景对回答进行微调

输入提示内容后发现 DeepSeek 给出的示例回答中有些措辞、数据与自身经历不完全符合，于是追加提示。

用户：

请将第 1 题的回答内容改成与我曾遇到的"缓存击穿"相关的内容，并增加我在团队中担任小组长的描述。

DeepSeek：

请谈谈你在开发秒杀系统项目过程中遇到的最大技术挑战，并说明是如何解决的？

示例回答要点（改为与缓存击穿相关的内容，并加入担任小组长的经历）：

在高并发秒杀场景中，我担任团队小组长，带领大家搭建和优化系统。在项目实践中，最大的技术挑战来自"缓存击穿"问题。所谓缓存击穿，指的是在高并发环境下，某些热点数据意外失效或在短时间内未被预先加载，导致大量请求直接落到数据库，进而引发性能瓶颈或宕机风险。

为解决这个问题，我们主要采取了以下措施。

（1）采用双层缓存策略：在热点数据过期时，为尽可能避免瞬间流量直接落到数据库，会先预设一份较长生存时间（TTL）的备用缓存；同时，为被频繁访问的关键数据配置合理的预加载和刷新策略，减少高峰期带来的数据库压力。

（2）设置互斥锁或分布式锁：在缓存更新的临界阶段，对需要更新的热点数据加锁，避免同一时刻大量请求同时更新或获取数据库数据，导致雪崩式访问。

（3）配合监控报警：实时监控缓存命中率和数据库访问量，一旦发现某些接口命中率骤降或数据库访问量激增，立即告警并及时处理。

（4）团队协作与快速响应：我在担任小组长时，负责及时协调各成员分工执行缓存策略、优化数据库、监控报警等工作，同时安排多人轮流值守，以便在出现异常时能第一时间进行排查和修复。

通过上述方案，我们有效降低了数据库的访问压力，提高了系统的高并发处理能力，也在团队协同下积累了较丰富的应对缓存击穿的实战经验。

4. 多版本思路拓展

在面对一些复杂问题时，面试官通常喜欢追加提问，比如"你提到用 Redis 做缓存，为什么选 Redis？和 Memcached 相比如何？"我们可以让 DeepSeek 基于第 2 题"如何设计高并发环境下的数据库读写分离"再进行深入扩展，生成更多回答思路。

用户：

……（追问内容略）请为这个缓存选型追问提供基于不同思路的两个回答：

（1）注重性能和生态；

（2）注重部署与成本。

DeepSeek：

回答思路一：注重性能和生态

示例：

选择 Redis 的主要原因在于它的整体性能与丰富的生态。首先，就性能而言，Redis 采用单线程模型，充分利用了内存操作的高速度特性，并通过 I/O 多路复用来提升并发吞吐量，对于高频读写场景非常适用。

同时，Redis 提供了丰富的数据结构（如哈希、列表、有序集合等），具有 Lua 脚本、管道操作等高级特性，这些都能更好地满足业务在数据操作多样性方面的需求。

其次，在社区生态上，Redis 自带成熟的集群模式、持久化和高可用方案，针对多种语言都有官方或社区的客户端支持，方便团队快速上手与维护。相比之下，Memcached 主要支持简单的键值（KV）存储模式，在数据结构灵活性和可扩展方案上可能不如 Redis 强大，尤其当需要复杂数据处理和持久化功能时，Redis 会更有优势。

回答思路二：注重部署与成本

示例：

如果从部署和成本角度考量，Redis 可能在初期会显得更复杂一些，因为它除了最基础的 KV 缓存外，还带有持久化、集群、事务等功能，需要投入更多的配置和维护成本，特别在集群管理上需要一定的学习门槛。Memcached 更专注于 KV 缓存，本身功能简单，部署相对轻量，在对内存访问的要求极高且纯粹做缓存的场景下，Memcached 具有出色的性能。

在运维成本方面，如果企业对数据持久化或多种数据结构的需求不强，选择 Memcached 能够降低复杂度，并减少部分资源消耗和维护投入。相反，如果业务需要丰富的数据类型和持久化容灾能力，Redis 会在后期功能扩展上更灵活，避免日后再次迁移或重构的麻烦。

这两种思路的回答也可以结合自身项目背景，突出你所在团队对功能扩展性、系统资源、维护成本等方面的考量，帮助面试官更好地理解你的技术决策与项目实践过程。

通过多次迭代与角色扮演，求职者能在实际面试前充分演练各种情境回答，将不熟练或生硬的环节提前修正，从而在正式面试时表现得游刃有余。

5.3 小说创意写作

在网络文学发达的时代，很多人会时不时地产生想要写点东西的念头。但无论是写短篇故事、长篇小说，还是为影视剧开发剧情，如何把灵感真正转换为文本一直是创作者最关注也是最头疼的问题。借助 DeepSeek，写作者可以从一个简单的概念出发，快速迭代出角色设定、主要矛盾、情节走向等核心要素。

5.3.1 适用创作场景

写作题材与体裁多种多样，从 DeepSeek 的实现角度出发，我们先来简单地分类。

1. 短篇故事

短篇故事具有科幻、悬疑、爱情、童话等多类型设定，篇幅较短但需要快速营造冲突和氛围。

提示词示例：

> 请构思一个 3000 字左右的科幻短篇故事大纲，背景设定在近未来的火星殖民地，突出人与 AI 的冲突与和解。

2. 长篇小说

长篇小说需要搭建复杂的世界观，设计主线矛盾和角色成长路径，适合在多个章节中逐步展开。

提示词示例：

> 我要写一部都市玄幻题材的长篇小说，希望创建一个融合现代城市与魔法元素的世界，列出约 10 个章节标题和关键情节走向，结尾埋

下反派复苏的伏笔。

3. 剧本大纲

剧本大纲注重分镜头脚本、对白草稿、情节冲突设置，既要有宏观框架，也要兼顾角色对话的亮点。

提示词示例：

帮我构思一部轻喜剧短片的剧本大纲，围绕主人公误闯古代博物馆展开，设定 3～5 个主要场景，每场结尾都留下一个小冲突，引出后续发展。

5.3.2　操作流程与创作思路

要充分发挥 DeepSeek 在文学创作中的辅助作用，可依照以下四步完成从"输入核心创意"到"生成创意大纲"的过程。

1. 输入核心创意

在正式生成大纲前，创作者需要先将人物设定、背景世界、主题风格等关键信息提供给 DeepSeek。创作者可设想几个主要角色的性格冲突或世界观差异，并在提示中加以说明。

操作重点：

（1）确定故事主题，如爱情、冒险、科幻、悬疑、权谋等；

（2）列出主角、配角的基本信息，如姓名、外貌、性格缺陷、成长目标；

（3）若有既定的写作风格或读者定位（如青少年、都市白领），可在提示时强调语言或节奏要求。

提示词示例：

我想写一个中世纪魔法题材的长篇小说，主题是权力与信仰的冲突。主要角色如下。

（1）女主角是教会骑士，坚信神权；

（2）男主角是魔法学徒，不认可教会的权威；

故事风格偏暗黑，需要多一些政治与阴谋元素。

2. 生成情节大纲

基于提供的创意和角色设定，DeepSeek 会梳理出主要冲突、高潮与转折点，对每一章或关键情节进行概要描述。创作者可从中判断结构是否符合期望，并进一步细化、删改不适合的部分。

操作重点：

（1）要求 DeepSeek 输出分章或分幕（剧本写作）的大纲模式，包含关键场景、冲突、角色动机；

（2）关注故事节奏，如何时埋下伏笔、何时爆发冲突、何时进入反转；

（3）初稿仅提供了框架，后续需要逐章扩写与润色。

提示词示例：

请帮我将这个中世纪魔法题材小说的大纲分成 10 章，每章突出一个核心事件或冲突点，并保留神权与魔法对立的主线。

3. 文本润色与情节扩展

在获得章节大纲后，如果创作者希望添加更生动的场景描写、角色对话或内心独白，可让 DeepSeek 对特定桥段进行二次扩写。也可以针对想要的文风或受众群体进行语言调整。

操作重点：

（1）针对每个关键情节，让 DeepSeek 细化情节，如对决场面、角色对话；

（2）若故事需要融入更多悬疑或浪漫元素，可要求 DeepSeek 提供特定场景示例以及情绪烘托的手法；

（3）反复查看是否与原始设定冲突，及时修正角色性格或世界观设定中的不一致之处。

提示词示例：

> 在第 5 章的宫廷阴谋桥段里，我想让女主角发现自己是被教会操纵的棋子，请写一个约 500 字的场景描写，包括她与王室使者的对话，以及她内心的震撼与疑问。

4. 对比不同版本

在使用 DeepSeek 进行创作的过程中，我们可以尝试不同的视角和写作风格。DeepSeek 可以在原始大纲的基础上，针对不同方向输出多个版本的回答内容，以便创作者选择最适合的框架和叙事手法。

操作重点：

（1）指明对比点，如"更偏向群像剧"或"更聚焦于男女主感情线"；

（2）要求 DeepSeek 修改角色设定、矛盾走向或者关键转折点，输出一个新的大纲版本；

（3）比较不同版本在故事节奏、角色塑造、可读性等方面的优劣。

提示词示例：

> 请在原有大纲的基础上，增加第二个版本。不同点：把男性魔法学徒改成一位流亡王子，故事更关注王位继承之争，保留少量魔法元素。

5.3.3　案例演示

以"穿越题材的网络小说"为例，展示如何利用 DeepSeek 从零开始构思背景、角色和关键情节，再对比多个大纲版本的差异。

1. 创作需求与初始设定

> 题材：现代人穿越到古代江湖武侠世界。
>
> 主角：职场小白，具备现代管理思维与幽默感。
>
> 目标：想写一部连载在网络平台的小说，突出新旧观念冲突与快节奏剧情。

2. 初步梳理选题

输入如下提示词。

> 用户：
>
> 我想写一个现代白领穿越到古代江湖的小说，风格轻松幽默，又有一定的武侠冲突。请先帮我梳理世界观和角色定位，再列出主角与两个重要配角的设定。
>
> DeepSeek：
>
> 世界观：古代大江湖架空王朝，武林门派林立，政治势力暗潮涌动。
>
> 主角：现代咨询顾问，偶然穿越；性格外向，喜欢分析别人的行为模式。
>
> 配角1：江湖门派少主，武艺高强但缺乏现代管理理念。
>
> 配角2：王朝公主，暗中结交江湖势力，对现代思维略感惊喜又心存警惕。
>
> 主要冲突：门派经营不善、王朝刑罚苛刻导致民怨，主角用现代思维逐步赢得江湖与朝廷青睐，也面临守旧势力的打压。

3. 多章大纲与事件设计

> 用户：
>
> 请为这本小说设计10章的情节发展走向。
>
> DeepSeek：
>
> 第1章：职场白领加班猝不及防→穿越落入山野；
>
> 第2章：偶遇门派少主，展示现代头脑令少主震惊；
>
> 第3章：帮助优化门派资源配置与财务，初显威力；
>
> ……
>
> 第10章：阴谋揭露，大决战临近，为第二卷埋下伏笔。

如果想要更密集的冲突，或者更多的感情线，可以让 DeepSeek 生成多个版本，对比章节分配与角色关系。

4. 继续细化，生成每一章的创作大纲

经过调整，确定章节目录之后，继续询问 DeepSeek，让它创作出每一章的大纲。

用户：

以下是调整后的目录，请你写出每一章的创作大纲：

……

DeepSeek：

第 1 章：加班猝不及防，误入江湖

1. 现代背景与穿越契机

交代主角在现代社会的工作环境：某咨询公司职场小白，为项目加班连轴转。

展示主角的性格与能力：善于分析数据和管理流程，但对人际关系经验不足。

高强度加班导致体力不支，在茶水间休息时突然"意外"昏倒。

2. 穿越降临

主角醒来发现自己置身荒山野岭，手提公文包（或现代物件）和部分笔记、资料。

在经历了短暂的惊慌与无措后，主角感受到这个世界完全不同的节奏。

留下穿越谜团，为后续埋下伏笔。

第 2 章：初遇门派少主，碰撞现代思维

1. 意外救助与初识

主角在荒山迷路之际，遇到被追杀的江湖门派少主（可设定少主

行事冲动，但内心仁义）。

主角意外机智化解危机，令少主刮目相看。

2. 初次交谈，观念碰撞

少主对主角的"奇怪口音""奇怪思路"感到好奇。

主角运用现代分析思维，短暂点拨少主在管理下属、处理门派事务上的盲点。

少主惊诧于"新奇"的理念，产生招揽想法，也为后文"古今结合"埋下伏笔。

······

使用与拓展建议：

每章尽量保持快节奏、冲突连连，同时突出主角的幽默与现代思维的"违和感"，让读者产生代入感和乐趣。

通过配角的视角、江湖传闻的演绎来放大主角的"特殊能力"，让管理学、现代思维在武侠世界中产生戏剧张力。

适当加入支线角色与情感纠葛，丰富人物层次。

在章末设置"小悬念"或"下章预告"，引导读者持续阅读。

大纲就是整个故事的发展脉络，如果有不满意的地方，可以直接告诉 DeepSeek，让它继续改进。

确定大纲后，以 500 或 1000 字为一个创作单元，让 DeepSeek 生成详细的内文。如此一步一步地进行下去，就能创作出一篇完整的小说。

由于小说的长度往往会超出 DeepSeek 的记忆范畴，因此如果发现 DeepSeek 忘记了之前的内容，那就把大纲再次发送给它。这样它就能接续上之前的创作内容了。

5.4　生活中的信件与信息

在生活中，我们有时需要撰写一些信函和信息，如结婚时要发送的请帖，过年时给同事、朋友发送的拜年信息等。

这些内容虽然没有严谨的格式与文体，但是需要包含深厚的情感，且不能与别人的内容重复。

5.4.1　多样化的生活场景与写作需求

生活中需要写作的场合非常多元，无论正式或非正式的场合，都有对应的写作要点和礼仪规范，以下列举几个常见场景。

1. 道歉信

如果孩子在学校闯了祸，无论老师是否要求，我们最好赶紧打开 DeepSeek，帮孩子把道歉信准备好。

提示词示例：

> 　　我的孩子在学校打了别的同学，具体的信息我会在后面告诉你。请你以孩子的视角与口吻，写一封真诚又不失礼貌的道歉信，并强调后续改进措施。
>
> 　　……

2. 感谢信

虽然现在已经很少有人写感谢信了，但是在某些正式的场合，一封表达感谢之情且得体的感谢信还是必不可少的。

提示词示例：

> 　　请帮我写一封感谢信，感谢在实习期间对我帮助很大的导师，语

> 气稍微正式一些，但要体现个人感激之情。

3. 祝贺信

遇到同事、朋友、亲属取得成就或处于重大人生节点（如升职、乔迁、升学、喜事）时，送上一封表达祝福与赞赏的祝贺信是比较得体的。

提示词示例：

> 我大姨家的孩子刚刚考上了南开大学，请你帮我写一封真诚的祝贺信，送上我对他未来的祝福。

4. 邀请函

孩子满月了，自己要结婚了，怎样的邀请函才算是诚挚得体的呢？其中又要包含哪些信息呢？这些交给 DeepSeek 就行了。

提示词示例：

> 我的女儿马上就要满月了，请你帮我写一封邀请函，邀请我的亲朋好友。需要填入哪些信息也请你告诉我。

5.4.2　操作流程

不管是写简短的电子信息，还是正式的信函，利用 DeepSeek 时可遵循以下四个步骤以确保写出的内容准确、得体且符合个人需求。

1. 明确用途与收件对象

首先需要根据不同的收件对象与场合，确定写作风格与要传递的重点信息。给领导和给朋友的内容的语气自然不同；道歉信与祝贺信的情感基调也截然不同。

操作重点：

（1）指明写信或邮件的目的（如道歉、致谢、庆贺、投诉、邀请等）；

（2）说明收件人与自己的关系（如领导、客户、同事、亲朋），以便 DeepSeek 输出相应的礼貌用语；

（3）列出必须包含的信息要素（时间、地点、原因、联系方式等）。

2. DeepSeek 生成初稿

提供了关键信息后，可以让 DeepSeek 生成第一版范文。这里应重点关注内容是否完整、核心信息是否已包含以及基本礼仪是否正确。

操作重点：

（1）对文字简洁度、核心信息覆盖率进行快速评估；

（2）如果邮件中包含正式头衔或较严谨的称呼，应在初稿中检查是否存在称谓不当；

（3）注意整体段落布局是否符合阅读习惯。

提示词示例：

> 请生成一封感谢信初稿，收件人是帮助我完成科研项目的导师，语言要稍显正式并体现学术感。

3. 语气与礼仪调整

如果发现初稿的某些表达不符合自己的预期，可让 DeepSeek 进行二次迭代，微调语气与风格。尤其在中外文化差异较明显的场合，更需要谨慎处理敬语和谦辞。

操作重点：

（1）有针对性地提出改写要求，如"请增添更丰富的感情色彩"或"去掉过度修饰"；

（2）如果有跨文化背景，要补充场合特有的语言惯用表达，或减少不合时宜的语气词；

（3）如果不确定，可以让 DeepSeek 列出几个风格选项进行对比。

提示词示例：

> 请将这封信的语言改得轻松活泼一些，并在结尾处再强调一次活动时间，让对方更容易记住。

4. 检查细节

在获得最终文本后，仍应对隐私信息（如地址、联系方式）进行核对，并确保主题、附件、落款都符合要求。必要时可让 DeepSeek 进行格式检查。

操作重点：

（1）通读全文，确定正文、主题、落款或签名无缺失；

（2）检查语句是否有多余、敏感内容，尤其在投诉场景下要注意措辞力度与展现证据；

（3）对重要日期、数字和私密信息进行标注。

提示词示例：

> 请帮我检查一下有没有遗漏的要素，如亲友名字或现场地址，并提示我应该在附件里放什么图片。

5.4.3 案例演示

接下来展示如何完成各种信息的创作，帮助读者理解不同风格表达的差异。

1. 简短版

> 用户：
>
> 准备给大学好友群发送聚会邀请，语言轻松幽默。主要写明时间、地点和聚会主题。
>
> DeepSeek：
>
> 嘿，亲爱的老同学！我下个月 10 日要办一场小型喜宴，希望能见到你们的身影！地点是市区 ×× 酒店，晚上 6 点开始。别忘了给我惊喜哦，期待和大家一起聊聊大学那些年的事！

2. 半正式范文

接下来对前文需求进行修改，让 DeepSeek 撰写一份半正式的邀请函。

用户：

请在第一版的基础上，再写一个偏正式风格的邀请邮件，保留时间、地点，但用更礼貌的用词，适合发给职场同事。

DeepSeek：

尊敬的各位同事：

我很高兴地告诉大家，我将于下个月 10 日晚 6 点在市区 ×× 酒店举办个人喜宴，诚挚地邀请您前来参加并共同见证这一幸福时刻。届时，我们将在温馨的氛围中度过难忘的夜晚，也希望借此机会与各位同事深入交流。

……

真诚期待您的莅临。

如果还要发送给长辈或者领导，则可以让 DeepSeek 生成更郑重的邀请函，如在落款处备注"敬上"。

第6章

如何使用 DeepSeek 实现自我规划

个人眼界非常容易受到自身知识与经验的限制。从这个层面上讲，DeepSeek 凭借丰富的数据库能够在未来规划这件事情上给予我们极大的帮助。

6.1 职业发展规划

无论是初入职场者、准备转型的职场老手，还是想要创业的探索者，制定清晰可行的职业发展规划都是迈向成功的关键一步。DeepSeek 能在收集个人背景与行业信息后，根据用户给定的目标和偏好，通过多轮迭代分析提供可行的发展规划，并帮助评估风险与机遇。

6.1.1 常见应用场景

以下三个情形是多数人在职场生涯中会遇到的节点。

1. 初入职场

人们出入职场时，对行业与职位缺乏深入认识，需要明确职业方向与基础技能。

提示词示例：

> 我是某某大学应届毕业生，学的是市场营销，对互联网产品运营也感兴趣。能否帮我分析目前市场上的主要职位类型和成长路径，比如"新媒体运营""广告投放专员"等，看看我适合往哪方面发展？

2. 职场转型 / 跃迁

准备职场转型或跃迁的人已有一定经验，却感觉在原岗位上的发展遇到了瓶颈，需要尝试新的行业或更高的职位。

提示词示例：

> 目前我在一家传统公司做数据分析员，想转到互联网行业的数据挖掘或算法岗位。请帮我从技能需求、行业趋势和可行路径角度分析需要如何准备。

3. 自主创业

自主创业的人想要摆脱传统就业形态，针对某个市场或领域进行创业，需要结合市场定位与资源获取来规划创业方向。

提示词示例：

> 我打算在 3D 打印领域创业，资金与人脉有限，但对技术比较熟悉。能否帮助我梳理可行的商业模式，并评估可能的风险点和资源需求？

6.1.2　操作流程与关键步骤

不管职业规划的背景怎样，借助 DeepSeek 进行分析时，我们可以依照以下四个步骤来确保规划的系统性与可靠性。

1. 个人背景输入

首要环节是让 DeepSeek 充分了解个人背景，包括学历、技能水平、过往工作经验、兴趣爱好等。同时，要明确个人对薪资、地理位置、职业价值取向等的要求。

操作重点：

（1）罗列核心经历，如"在某公司担任两年运营专员，负责数据分析""获得某专业技能证书"等；

（2）标明个人兴趣与价值观，如"喜欢团队管理""看重工作与生活平衡""渴望快速晋升"等；

（3）如果对行业有特别偏好（互联网、制造业、教育等），需明确告知DeepSeek。

提示词示例：

> 我毕业于某某大学计算机系，目前在一家小型初创公司做前端开发。擅长 HTML、CSS、JavaScript、Vue。对用户体验设计与产品规划有浓厚兴趣，渴望未来从事产品方向的工作。请帮我分析当前的优势与短板。

2. 行业与职位调研

在提供了个人背景信息后，可以让 DeepSeek 针对目标行业、职位类别提供数据分析与趋势参考，包括薪资水平、市场需求、核心技能等。它能帮助用户更直观地判断发展前景。

操作重点：

（1）明确希望了解的行业和岗位，如"数据分析师""电商运营""产品经理"等；

（2）要求 DeepSeek 提供具体数据或案例，如增长率、行业龙头企业、人才需求变化等；

（3）若同时看好多个方向，可让 DeepSeek 分别列出优劣势以进行对比。

提示词示例：

> 　　请从薪资水平、市场需求和核心技能等方面对比互联网产品经理岗位与传统制造业项目经理岗位，帮助我分析哪个岗位更有发展前景。

3. 路径分析

提供了行业信息与个人背景后，就可以让 DeepSeek 确定关键技能差距、资源获取方式及里程碑目标。这个过程就是把"我想做什么"分解成"我需要拥有哪些技能，在哪个时间节点达成，需要什么样的学习或实操机会"等。更加详细的分析见下节内容。

4. 风险与机遇评估

最后，综合考量市场环境、个人约束（如家庭因素、经济状况、地理限制）等。DeepSeek 能从宏观与微观两个层面提供建议，帮助用户在不同规划选项中做出取舍。

操作重点：

（1）提示词中明确个性化限制，如"需要兼顾家庭时间，不宜加班太多""资金不足难以进行大规模创业"等；

（2）让 DeepSeek 针对不确定因素提出应对策略或紧急备用方案；

（3）整理多个规划选项的优先级，结合经济与心理预期，最终做出可行决策。

提示词示例：

> 　　我的家庭情况使我难以离开现在的城市太久，且无法承受初创公司的高风险。请基于此对我前面规划的创业方案进行风险评估，并给出两三种低风险转型思路。

6.1.3　案例演示

以"技术岗转向产品管理岗"为例，展示如何让 DeepSeek 诊断转型难点、所需技能以及过渡方式，并生成可执行的阶段性目标。

1. 个人背景与目标

> 现任职：后端开发工程师，有 3 年工作经验。
>
> 技 能：熟悉 Java、数据库、微服务架构；缺乏产品用户调研与需求分析经验。
>
> 职业目标：在 1～2 年内实现产品经理转型，未来期望主导产品方向。

2. 初步调研岗位前景

> 用户：
>
> 我目前是后端开发工程师，在一家互联网公司做了 3 年技术项目，想转到产品经理岗。请问互联网行业产品经理这个岗位的发展前景怎么样？
>
> DeepSeek：
>
> 互联网行业产品经理岗位的发展前景整体向好，尤其是在数字化转型和产业互联网加速发展的背景下。以下是结合你的技术背景及行业趋势的分析和建议。
>
> 一、市场需求持续增长
>
> 随着传统行业与互联网的深度融合（如汽车、零售、医疗等），B端、G 端、AI、大数据等细分领域的产品经理需求激增。数据显示，近年来产品经理岗位的招聘需求同比增长超过 50%，一线城市薪资普遍在一万元以上，且长期处于互联网行业薪资水平前列。
>
> 二、职业路径明确
>
> 产品经理的职业发展路径清晰，可向管理岗（产品总监、副总裁）、专业岗（行业专家）或创业方向发展。例如，技术背景强的产品经理在 AI、数据产品等领域更具竞争力。

三、岗位稳定性与创新性并存

产品经理的核心职能是解决用户需求并推动产品迭代，这一角色在信息时代不可或缺。即使技术周期波动，产品经理的岗位需求仍会长期存在。

……

3. 评估转型优势与劣势

用户：

请评估我转型的难度，并告诉我需要补足的核心能力。

DeepSeek：

一、后端开发转产品经理的优势与挑战

1. 优势

（1）对技术实现理解深刻。

作为后端开发者，你对功能实现的可行性、开发周期的预估更精准，能有效避免"空中楼阁"式的需求设计，提升团队协作效率。

（2）逻辑思维严谨，问题解决能力突出。

程序员的逻辑思维严谨，具有拆解复杂问题的能力，在需求文档撰写、边界条件分析等场景中具有天然优势。

（3）技术驱动的产品竞争力。

在 AI、大数据等前沿领域，技术背景能帮助你在产品设计时融入创新技术，例如通过大模型提高用户体验或开发效率。

2. 挑战

……

二、转型建议与学习路径

……

三、长期发展建议

……

4. 多轮迭代制定阶段目标

> 用户：
>
> 请分别列出 3 个月、6 个月、1 年这三个阶段我应该完成的技能提升或项目实践目标，以及可能的资源来源。
>
> DeepSeek：
>
> 3 个月：完成基础产品知识储备，并参与撰写需求文档；
>
> 6 个月：深度参与公司内部产品迭代，进行用户访谈或调研；
>
> 1 年：具备独立负责小型产品线或模块的能力，正式转到产品部门。

5. 风险与机遇评估

最后，可让 DeepSeek 分析当前公司产品团队编制和市场行情，评估转型难度与应对策略。

> 用户：
>
> 公司产品部门内部竞争比较大，且我只有技术背景，如何说服管理层给予我试用机会？请提供一个可行的说服策略以及时间表，以减少转型失败的风险。
>
> DeepSeek：
>
> 以下是针对你从后端开发转型产品经理的说服策略及时间表设计，结合技术背景与内部竞争现状，最大化展示你的独特价值并降低转型风险。
>
> 一、说服策略：用"技术＋业务杠杆"打动管理层
>
> 1. 锚定技术型产品缺口，切入高价值场景（核心）
>
> 定位需求：分析公司现有产品线，找到因技术理解不足导致推进受阻的领域（如 API 开放平台设计、数据中台功能迭代、技术型客户的需求挖掘）。

提案价值：用技术背景解决产品团队的痛点。

案例：当前 ×× 产品的开发者文档体验差，导致接入率低。我可基于后端开发经验，主导优化文档结构与示例代码，预计可使客户接入效率提高 30%。

数据支撑：引用过往技术项目数据（如你主导的某功能上线后系统性能提升 ×100%），证明你能将技术能力转化为产品价值。

2. 用内部协作成果证明软技能

提前铺垫：在正式申请前 3 个月，主动参与产品需求评审会，以技术顾问身份提出改进建议（如识别需求中的技术风险点、建议更优的实现方案）。

关键动作：记录并量化你的贡献（例如在 ×× 项目中优化需求逻辑，减少开发返工 20 小时），形成"技术视角的产品优化报告"，并提交给产品负责人。

3. 设计低成本试验，降低决策风险

试点项目：申请以技术型产品顾问身份兼职参与一个周期短（1～2 个月）、资源投入少的产品项目（如内部工具优化、技术文档重构）。

对赌承诺：明确试点期的可量化目标（如完成 ×× 功能用户调研，输出新版原型并由开发团队验收），承诺若未达标则退回原岗位。

4. 争取关键人物的支持

横向支持：提前与合作过的产品经理、项目经理沟通转型意愿，争取他们向管理层推荐（例如："他在 ×× 项目中的技术建议帮我们节省了 2 周工期，逻辑思维很强"）。

向上影响：向直属领导说明转型如何反哺技术团队（如更理解产品思维后，可优化技术方案与产品的契合度），争取其成为内部推荐人。

二、分阶段执行时间表（总周期 3～4 个月）

……

三、沟通话术模板

……

四、风险对冲方案

……

五、总结

你不是"从零开始做产品"，而是用技术背景解决现有产品团队的技术盲区问题。通过"精准定位需求缺口→小步验证能力→数据化证明价值"三步走，即使内部竞争激烈，管理层也有可能给你"低风险高回报"的试验机会。

6.2 能力提升规划

个人能力的提升是一个非常大的主题，可以说其会伴随我们的一生。DeepSeek 帮我们梳理所需技能和阶段目标后，可以生成分步学习路线、推荐资源，并在这个过程中提供阶段性评估与反馈。

6.2.1 主要应用场景

以下两类场景覆盖了从深耕行业到跨学科学习的需求。

1. 专业领域强化

针对已有一定工作经验、想在当前行业和岗位上进一步提升的读者，如数据分析师想强化机器学习知识，UI 设计师想系统学习交互原理等。

提示词示例：

> 　　我在一家互联网公司已做了两年的前端开发工作，想更加系统地学习 Web 性能优化和安全知识。请帮我设计一个三个月的进阶学习方案，包含推荐资料和实践项目。

2. 跨学科 / 跨行业学习

针对想要转型或扩展知识边界的学习者，如财务人员学编程、理工科背景人员转型为产品运营人员。

提示词示例：

> 　　我原本在银行从事风险控制工作，现在想往 AI 方向发展。请帮我列一个入门学习路线，应覆盖数学基础、编程语言以及 AI 框架的核心知识等。

6.2.2　操作流程与关键步骤

在规划能力提升路线时，若要深度利用 DeepSeek，可拆分为以下四个步骤。

1. 技能需求确认

首先需要明确目标场景和岗位需求，理清必备技能、核心资源、阶段目标等关键点。这样 DeepSeek 才能结合岗位标准、行业趋势给出相对精准的建议。

操作重点：

（1）梳理当前水平与目标水平之间的差距，如"只懂 Excel 但需掌握 Python 数据分析"或"具备写作基础但需达到出版水准"等；

（2）标注"必备技能"（如编程语言、市场分析、绘画技巧）与想要突出的内容；

（3）设定阶段目标，如短期内能完成小型个人项目，长期则准备参加比赛或进行认证。

提示词示例：

> 我想强化项目管理能力，以备将来考 PMP 资格证书。目前我对敏捷开发和团队管理了解有限，请帮我总结必需知识、核心资源以及 3 个月内可达成的目标。

2. DeepSeek 初步规划

提供目标信息后，让 DeepSeek 生成一个综合方案，包括学习顺序、推荐书目、在线课程以及练习方式等。此时应注重方案的连贯性与实用性，并留意是否与个人现实情况相符（如时间、费用）。

操作重点：

（1）明确希望的学习形式（线上自学、线下培训、实践项目等）；

（2）要求 DeepSeek 提供具体资源、平台名称，比如网站、书籍、视频课程；

（3）指明是否需要配套练习或测验，如"请包含每章后的小测试或实战项目"。

提示词示例：

> 请根据我对数据分析的学习需求，生成一份从基础 Excel 到 Python 再到可视化工具（Tableau、Power BI）的学习计划，并推荐书籍和每阶段的实践项目。

3. 阶段性评估

在学习过程中，学习者可在每个关键节点上让 DeepSeek 协助进行测评和知识点检测，以及时发现遗漏的知识点。评估形式可包括小测验、案例模拟等。

操作重点：

（1）针对已学内容，输入关键词与概念，让 DeepSeek 出题并提供问答模拟；

（2）要求 DeepSeek 提供详细解析与拓展资料，并重点关注错误知识点、模糊概念；

（3）每个阶段结束后，对学习效果进行总结并给出下一阶段的调整建议。

提示词示例：

> 我已经学完 Python 的基础语法和数据处理（pandas、NumPy）。请帮我设计一个包含 10 道选择题和简答题的小测试，检验我对数据清洗与分析流程的掌握程度。

4.反馈与迭代

随着学习的深入，个人需求可能会发生变化。此时可让 DeepSeek 根据当前进度和学习成果，对后续学习方向或资源进行微调，形成持续优化的学习闭环。

操作重点：

（1）总结当前学习进展，如"已完成前三章课程，发现对可视化设计更感兴趣"；

（2）让 DeepSeek 根据新的偏好和需求修改后续路线，如加入更多可视化案例、相关算法学习内容；

（3）如果遇到瓶颈，可让 DeepSeek 提供有针对性的提升建议，或者纠正思路。

提示词示例：

> 我卡在了可视化阶段，在制作交互式仪表板时遇到了困难。请帮我细分难点，并提供更聚焦的学习资料或练习项目，最好带有案例对比。

6.2.3 案例演示

以"数据分析能力提升"为例，演示如何在 DeepSeek 的帮助下完成从

"Excel 到 Python 再到可视化工具" 的分阶段学习规划。

1. 技能需求与目标

基础水平：只熟悉 Excel 日常操作，缺乏编程背景。

学习目标：

（1）短期（1个月）：熟练掌握 Excel 高级函数与数据透视表；

（2）中期（3个月）：掌握 Python 数据分析（pandas、NumPy、Matplotlib），可进行简单脚本自动化；

（3）长期（6个月）：学习可视化工具（Tableau 或 Power BI），参与一次数据分析比赛或项目实战。

2. DeepSeek 初步规划方案

用户：

请生成一个 6 个月内完成的数据分析能力提升方案，分为 Excel 加强（1个月）、Python 数据分析（2个月）和可视化工具（1个月）三个阶段，同时保留 2 个月的时间用于实战或比赛。

DeepSeek：

以下是为您定制的 6 个月数据分析能力提升方案，结合零编程基础的特点，注重阶梯式成长和实战衔接。

6 个月数据分析能力提升计划表

第一阶段：Excel 深度强化（4周）

目标：掌握复杂业务场景下的数据处理能力。

学习重点：

（1）高阶函数组合应用（XLOOKUP+FILTER+UNIQUE/SUMIFS+INDIRECT+ 数据验证）；

（2）动态数据透视表（多表关联、联机分析处理（OLAP）、时间智能计算）；

（3）Power Query 数据清洗（合并查询、逆透视、自定义列）；

（4）交互式仪表板制作（切片器 + 动态图表 + 条件格式）。

练习：用销售数据制作智能分析看板（含动态筛选 + 自动更新）。

第二阶段：Python 数据分析（8 周）

基础铺垫（2 周）：

（1）Jupyter Notebook 环境配置；

（2）数据类型与流程控制实战；

（3）文件自动化处理（Excel 与 CSV 的交互）。

核心模块（4 周）：

（1）pandas 进阶（多层索引、数据透视、时间序列）；

（2）NumPy 矢量化运算优化技巧；

（3）Matplotlib/Seaborn 高级可视化。

自动化专项（2 周）：

（1）定时邮件报表系统开发；

（2）Excel-Python 混合工作流设计。

项目：搭建销售数据自动分析系统（ETL+ 分析 + 可视化）。

第三阶段：商业智能工具（4 周）

……

第四阶段：实战淬炼（8 周）

……

此方案特别强化了 Excel 与 Python 的衔接应用（如 openpyxl 模块），在可视化阶段植入设计思维训练，并通过实战阶段的反向工程训练（解析优秀作品源代码），帮助非技术背景的学习者建立完整的数据处理世界观。建议每周保持 15 小时有效学习时间，关键节点产出可展示成果。

3. 阶段性评估与练习

用户：

我已完成了 Python 数据分析的学习，请给我出一些习题，并附上答案解析。

DeepSeek：

以下是为您精心设计的 Python 数据分析习题集，涵盖数据处理、可视化、分析全流程，分基础、进阶、高级三个难度层级，附详细解析思路。

基础篇（pandas 核心操作）

题目1：数据清洗与重构

```python
# 给定数据集
import numpy as np
import pandas as pd
np.random.seed(2023)
data = pd.DataFrame({
    '订单 ID': range(1001, 1021),
    '销售额': np.random.randint(50, 200, 20),
    '省份': ['广东']*5 + ['浙江']*3 + ['江苏']*4 + ['四川']*3 + ['福建']*5,
    '产品类别': ['电子','家居','电子','服饰','家居']*4,
    '是否退货': [False]*18 + [True]*2
})
```

任务：

计算各省份销售额的中位数；

找出退货订单中销售额最大的产品类别；

创建新列"销售额等级",当销售额 >150 时为"高",当 100< 销售额 <150 时为"中",当销售额 <100 时为"低"。

答案解析:

```
# 1. 各省份销售额中位数
print(data.groupby(' 省份 ')[' 销售额 '].median())
# 2. 退货订单最大销售额类别
return_orders = data[data[' 是否退货 ']]
print(return_orders.loc[return_orders[' 销售额 '].idxmax(), ' 产品类别 '])
# 3. 销售额分级
data[' 销售额等级 '] = pd.cut(data[' 销售额 '],
                            bins=[0, 100, 150, 200],
                            labels=[' 低 ', ' 中 ', ' 高 '])
```

关键点:

groupby 聚合时优先使用中位数,避免极端值的影响;

idxmax() 直接获取最大值索引,比排序更高效;

pd.cut 实现离散化分箱,比 apply 函数更规范。

进阶篇(数据可视化与时间序列)

……

高级篇

……

综合实战题

……

4. 反馈与迭代

如果对 Python 自动化脚本更感兴趣,或者想更深入地学习 Tableau 图表制作,也可让 DeepSeek 修正后续时间分配,比如在可视化上多分配 1 周时间,添加 UI/UX 设计思路的学习内容；或在比赛项目中加入自动化脚本的评估指标，以彰显所掌握技术的广度。

6.3 个人兴趣探索

很多人希望在闲暇时间培养新的兴趣或者发展副业，通过实践创作和自我挑战来获得成就感与乐趣。然而，面对浩如烟海的可能方向，我们往往难以抉择，也不知道如何有效切入。DeepSeek 能帮助用户快速列举项目或获取灵感，并提供详细的规划、资源与过程记录，让个人兴趣之旅更具可行性。

6.3.1 常见应用场景

大多数人会从以下三个方向寻找兴趣或项目。在 DeepSeek 的辅助下，读者能高效地找到适合自己的兴趣或项目。

1.个人项目 / 手工创作

有些人对手工、绘画、音乐等感兴趣，想系统学习，完成一个独特作品。

提示词示例：

我想尝试 DIY，可以是木工、纸艺或布艺，但还不知道具体做什么。请给我提供 10 个对新手友好且富有创意的手工项目灵感，并说明对应难度与所需材料。

2.新技能学习

有些人对编程、摄影、烘焙、乐器、设计等领域感兴趣，希望获得从入门到进阶的学习方案。

提示词示例：

我想学吉他，但完全没有音乐基础。能否给我制订一个 3 个月的初学计划，包括每日练习要点、常用和弦、曲目选择等？

3. 自我挑战与探索

有些人希望通过持续实践来挖掘自身的潜力，获得成就，如进行写作马拉松、参与阅读挑战、制定运动规划等。

提示词示例：

我想在下个月进行一次写作马拉松，目标是一周内写 2 万字，主题是奇幻冒险。请帮我规划每天的写作时长、情节大纲和休息安排。

6.3.2　操作流程与方法

利用 DeepSeek 明确目标、规划路径并持续记录反思，我们可以按以下四个步骤进行，以形成完整的学习成长档案。

1. 兴趣点筛选

当什么都想尝试，却又不知道该选哪一个时，我们可以让 DeepSeek 列举多种可能的兴趣选项、项目灵感，再根据个人时间、预算、环境、资源等加以筛选。

操作重点：

（1）指明大致兴趣范围（如手工、体育、艺术、写作等），或提供已产生的零散想法让 DeepSeek 整理；

（2）要求列出每个选项的投入成本、学习曲线、预期收益和乐趣点；

（3）如果有特别限制（如居住条件、预算、身体状况），记得在提示词中注明。

提示词示例：

我居住在城市公寓，无独立工作室，平时只在晚间与周末有时间。请结合我的条件，帮我推荐 5 种 DIY 手工或艺术创作方向，并评价各自的难度和所需成本。

2. 深入探索规划

在选定了某项兴趣（如绘画、烘焙、音乐演奏等）后，可以让 DeepSeek 针对其知识结构和技能要求制定成长路径，比如从基本原理到常见技巧，再到进阶创意和应用。

操作重点：

（1）要求分阶段列出学习、实践目标，如"先掌握基础技巧，再进行创意设计"；

（2）如果已有入门资源可附在提示词中，让 DeepSeek 更具体地安排进度；

（3）对于不同风格或领域的分支，也可让 DeepSeek 详述它们之间的差异，避免盲目散点式学习。

提示词示例：

> 我决定学习烘焙，想在一周内熟悉基础蛋糕、饼干和甜面包的制作方法。请帮我拆分每天的学习与操作安排，包括食材准备、烤箱温度掌控、装饰技巧等。

3. 资源推荐

DeepSeek 不仅能给出宏观规划，还能根据用户需求推荐线上学习网站、视频课程、社区论坛或相关工具与材料的采购渠道。这样可显著降低用户搜寻信息的成本，让行动更快落地。

操作重点：

（1）详细说明希望的语言版本或资源类别，如"只看中文教学"或"需要海量范例"；

（2）要求 DeepSeek 推荐社区平台，使学习者能交流心得，获取专业反馈；

（3）若需要线下活动、实体课程，也可让 DeepSeek 提供本地或周边城市的培训机构信息。

提示词示例：

> 　　请推荐几本适合新手的烘焙书籍和几个权威且口碑较好的美食博主频道，同时列举常见失误与预防方法，以便我对照学习。

4. 过程记录与反思

在学习过程中，可让 DeepSeek 辅助记录每个阶段的成果和心得，并根据遇到的问题调整后续方向，形成一个正向反馈的成长档案。

操作重点：

（1）让 DeepSeek 标记关键节点，如"完成初次作品""参加一个线上比赛"或"达到某个里程碑"；

（2）针对失败点、难点进行分析，如"为什么这次烘焙口感偏硬"，让 DeepSeek 给出改进建议；

（3）一定周期后，进行一次全面回顾总结，为下一阶段的升级打下基础。

提示词示例：

> 　　请帮我对这周的烘焙尝试进行总结：两次蛋糕的发酵失败了，巧克力饼干制作成功，列出具体问题与解决方法，并给出下周的改进计划。

6.3.3　案例演示

以"烘焙学习"为例，展示如何让 DeepSeek 提供由易到难的一周学习方案，以及如何让 DeepSeek 提供创意要素和新手注意事项来获得持续的灵感。

1. 兴趣确认与初步需求

> 　　背景：对烘焙感兴趣，但从未操作过烤箱及相关模具。有一台普通家庭烤箱，每天可投入 1 ～ 2 小时练习。
>
> 　　目标：一周内想做出简单蛋糕与几种饼干，最好再尝试 1 ～ 2 种创新口味。

2. 生成一周烘焙学习计划

> 用户：
>
> 我是一名烘焙新手，只有家用小烤箱和基础模具，每天可练习
> 1～2 小时，目标是一周内完成基础蛋糕和饼干的制作，并尝试一种创
> 新口味。请为我制订一个循序渐进的烘焙学习计划。
>
> DeepSeek：
>
> 第一天：认识食材和常用工具；学习打发蛋白、面粉筛分等基本
> 手法；
>
> 第二天：尝试做原味饼干，控制烤箱温度并了解饼干脆度影响
> 因素；
>
> 第三天：初次尝试戚风蛋糕（戚风蛋糕蛋白打发的技巧要点）；
>
> 第四天：进阶学习巧克力口味或与其他配料组合，做花式饼干；
>
> 第五天：制作磅蛋糕或海绵蛋糕，了解黄油打发与面糊混合的
> 方法；
>
> 第六天：创新烘焙灵感，添加水果干或抹茶粉做口感丰富的蛋糕；
>
> 第七天：试着设计一份简单甜点菜单，复盘这周的学习心得。

3. 深入扩展与增加创意

如果用户想在第六天尝试把中式口味（如红豆或咸蛋黄）融入蛋糕，也
可让 DeepSeek 提出更多创意建议，比如如何调配比例以避免口感冲突。

> 用户：
>
> 我想尝试在蛋糕中加入一点咸蛋黄碎，来打造咸甜结合的口味。
> 请帮我思考合理的配方和注意事项。
>
> DeepSeek：
>
> 咸蛋黄碎蛋糕配方（6 寸戚风 / 古早蛋糕基础款）
>
> 食材清单：

1.蛋糕体

（1）低筋面粉 80g；

（2）鸡蛋 4 个（蛋清蛋黄分离）；

（3）玉米油 / 植物油 50g；

（4）牛奶 60g；

（5）细砂糖 60g；

（6）柠檬汁 / 白醋 3 滴（稳定蛋白）。

2.咸蛋黄碎

（1）咸蛋黄 5 个（生咸蛋黄需要提前处理）；

（2）白酒 / 料酒少许（去腥）；

（3）玉米油 5g（可选，增加湿润度）。

工具准备：

家用小烤箱、6 寸活底模具、电动打蛋器、筛网、刮刀、油纸（防粘）。

步骤详解：

……

关键注意事项：

……

通过此配方，你既能巩固戚风 / 古早蛋糕的基础操作，又能实践咸甜结合的创新思路。建议在第五天制作磅蛋糕后尝试，以更熟悉面糊状态的控制。

4.过程记录与反思

在每次烘焙尝试时，如果出现"蛋糕塌陷"或"饼干烤焦"等情况，可让 DeepSeek 给出可能的原因和改善方案。还可在学习结束时，让 DeepSeek 生成一份"烘焙周记"或"甜点菜单"，总结收获，为下一步的提升做好准备。

用户：

我在试制时出现蛋糕塌陷的情况，为什么会这样？怎么改善？

DeepSeek：

蛋糕塌陷是烘焙新手常见的挑战，主要原因涉及蛋白打发、混合手法、烘烤条件或冷却步骤等环节。以下是具体原因分析和针对性改善方案，你可以结合你的操作场景优化。

一、塌陷原因快速定位

1. 蛋白打发不足或过度

现象：蛋白霜太软（无法支撑蛋糕爬升）或打发过硬（导致膨胀后塌缩）。

判断：若蛋糕出炉时表面严重开裂后塌陷，可能是打发过度；若整体扁塌无弹性，多为打发不足。

2. 面糊消泡严重

原因：咸蛋黄碎加入时搅拌过猛，或蛋白霜与蛋黄糊混合时手法粗暴（如画圈搅拌）。

痕迹：切开蛋糕内部组织粗糙，有大孔洞或明显下沉的咸蛋黄碎。

3. 烘烤温度 / 时间不当

小烤箱常见问题：实际温度偏高（表面烤焦但内部未熟）或偏低（蛋糕无法定型）。

水浴法失误：烤盘内热水不足、水温过低，或中途开门导致温度骤降。

4. 冷却步骤错误

未及时倒扣：戚风 / 古早蛋糕需倒扣利用重力定型，直接正放会导致内部蒸汽压垮结构。

二、分步改善方案

……

三、紧急挽救技巧（针对已塌陷的蛋糕）

……

四、验证练习建议

……

通过以上调整，你能更精准地控制关键变量，咸蛋黄蛋糕的成功率会大幅提升！如果仍有疑问，可拍摄蛋白霜状态或面糊入模视频，我将进一步帮你诊断细节问题。

学会这些才算精通

拓展篇：DeepSeek

如今 AI 工具呈现多元化发展趋势，即便是只能生成文本内容的 DeepSeek，结合其他工具也能轻松实现 1+1>2 的效果。这一章我们从深度和广度两个方面挖掘 DeepSeek 的应用潜能。

第7章 如何发挥 DeepSeek 的数学能力

在第 4 章中，我们多次利用 DeepSeek 的数学处理能力，作为一个新兴大模型，DeepSeek 具有强大的数学逻辑推理能力。

我们如何将复杂的公式输入 DeepSeek？ DeepSeek 生成的公式又该如何导出？本章就来解决这两个问题。

7.1 拍题解答：最便捷的公式输入手段

用手机把公式拍下来，然后把照片发送给 DeepSeek，这是最便捷的公式输入手段。如果资料是电子文档形式，只需要截图即可。

以下面这道题为例（图 7-1）。

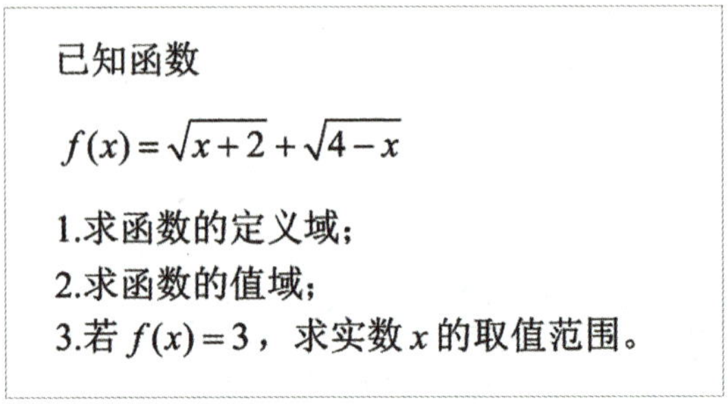

已知函数

$$f(x) = \sqrt{x+2} + \sqrt{4-x}$$

1.求函数的定义域；

2.求函数的值域；

3.若 $f(x) = 3$，求实数 x 的取值范围。

图 7-1　函数题截图

拍照或截图后，将图片文件上传给 DeepSeek（图 7-2）。

图 7-2　上传图片文件

上传完成后，我们就可以让 DeepSeek 给出这道题的解题思路了。处理数学问题时最好使用深度思考模式。

用户：

请给出这道函数题的解题思路，完整展示思考路径。

DeepSeek：

下面给出一种清晰、简要的解题思路。为便于阅读，采用分步骤的方式进行说明，但不展示冗长的推理细节。

解题思路

1. 确定定义域

（1）$\sqrt{x+2}$ 要求 $x+2 \geqslant 0$ ，即 $x \geqslant -2$ 。

（2）$\sqrt{4-x}$ 要求 $4-x \geqslant 0$ ，即 $x \leqslant 4$ 。

（3）综上，函数的定义域为 $[-2,4]$ 。

2. 确定值域

……

3. 讨论 $f(x)=3$ 时的实数 x

……

答：

1. 定义域：$[-2,4]$

2. 值域：$[\sqrt{6},2\sqrt{3}]$

3. $f(x)=3$ 时， x 的取值范围为 $x=1\pm\dfrac{3\sqrt{3}}{2}$

7.2 使用 LaTeX 编辑器实现公式输入

虽然使用拍照、截图的方式可以输入一些简单的公式，但是当要输入复杂的公式或者特殊的内容时，就得换一种精确的方式了。

7.2.1　什么是 LaTeX

如果不依赖上传文件，那么所输入的内容就只限于"文本"这种形式了。这里我们介绍一种 DeepSeek 可以识别的特殊文本格式——LaTeX 格式。

LaTeX 是一种基于 TeX 的排版系统，它的应用范围非常广，在学术论文、科技文档、书籍、幻灯片等专业文档的编写和排版中都可以见到。相较于常见的所见即所得编辑器（如 Microsoft Word、WPS），LaTeX 采用所见即所写的编写方式，即作者通过编写"源代码"（.tex 文件）来指定文档内容以及排版逻辑，然后使用编译器将其转换为最终的可阅读文档。

简单地说，LaTeX 包含一整套语法规则。在这套规则下，我们可以用纯文本表示所有的数学公式。

比如 $a^2 + b^2 = c^2$，用 LaTeX 的源码文本表示如下：

> $a^2 + b^2 = c^2$

将这句话输入 DeepSeek，它是可以正确识别其内容的（图 7-3）。

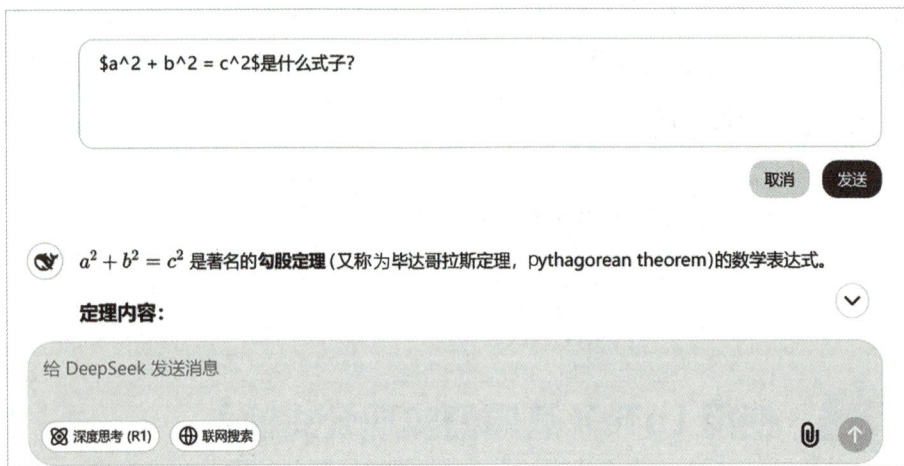

$a^2 + b^2 = c^2$是什么式子？

取消　发送

$a^2 + b^2 = c^2$ 是著名的**勾股定理**（又称为毕达哥拉斯定理，pythagorean theorem)的数学表达式。

定理内容：

给 DeepSeek 发送消息

深度思考 (R1)　联网搜索

图 7-3　DeepSeek 正确识别了公式

所以，只要将数学公式转化为 LaTeX 格式，就可以输入 DeepSeek 了。

7.2.2　如何简化 LaTeX 的使用

当然，LaTeX 的整套语法对于没有接触过它的读者来说还是比较复杂的，这里不做过多介绍。我们还有一种便捷的方法，就是直接使用 LaTeX 编辑器（图 7-4）。

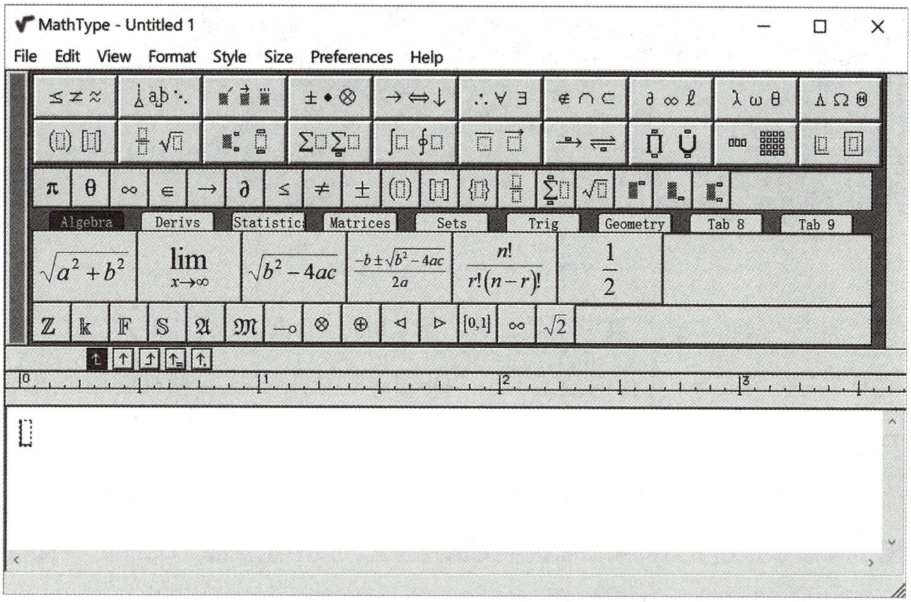

图 7-4　MathType 编辑器

MathType 是由 Design Science 公司开发的一款数学公式编辑器。它可以与常见的文字处理工具（如 Microsoft Word、WPS）集成，也可以单独使用来创建各种复杂的数学公式。使用编辑器最大的好处在于，它提供了"所见即所得"的公式编写功能。我们不需要研究 LaTeX 烦琐的语法规则了，只需要用可视化的方式创建公式即可。

7.2.3　具体的操作方法

安装 MathType 后，文字处理软件会自动安装相应的插件。以 Microsoft Word 为例，新建一个 Word 文档，打开后，工具栏会多出一个"MathType"菜单项（图 7-5）。

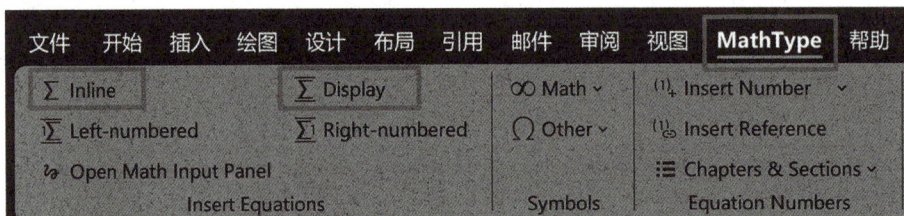

图 7-5　MathType **插件**

点击"MathType"菜单项后，最左侧"Insert Equations"（插入公式）选项卡上面有"Inline"（行内公式）和"Display"（行间公式）两种创建公式的方式。

两个选项只在最终的公式排版上有差别。点击其中一项，打开的面板如图 7-4 所示。在下方的编辑面板中编辑好公式，按下组合键"Ctrl+S"，即可将公式输入到文档中光标所在的位置（图 7-6）。

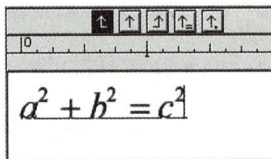

图 7-6　**创建公式**

完成后，公式在文档中的显示效果如图 7-7 所示。行内公式会接续在文字的后面，行间公式则会另起一行且居中排列。

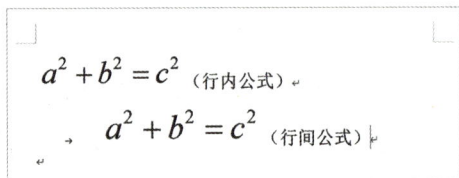

图 7-7　**行内公式与行间公式**

选中公式，点击"Publish"（发布）选项卡中的"Toggle Tex"（编译 / 反编译），可以让公式在可视化公式与 LaTeX 源码文本之间自如切换（图 7-8）。

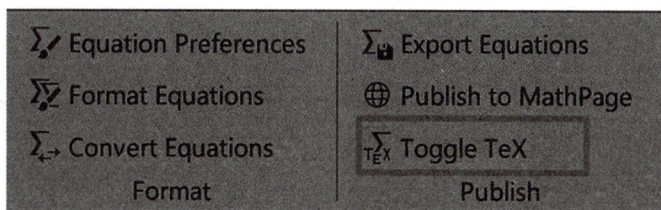

图 7-8　编译 / 反编译按钮

点击后，之前保存的公式就会切换为 LaTeX 源码文本（图 7-9）。

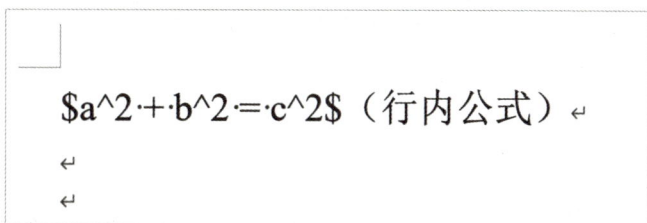

图 7-9　反编译后的效果

现在我们就可以将公式的文本形式输入 DeepSeek 了。

7.3　如何编辑 DeepSeek 的输出内容

首先我们看看如何导出 DeepSeek 的输出内容。DeepSeek 回答完后，内容下方会出现几个按钮。最左侧是"复制"按钮，点击后，DeepSeek 此次的输出内容就会被复制到剪贴板中（图 7-10）。

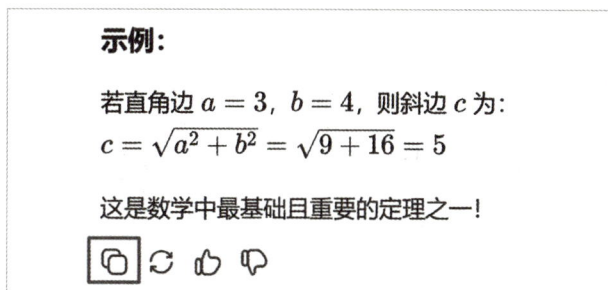

图 7-10　复制 DeepSeek 的输出内容

在 Word 文档中，右键点击空白处，选择"粘贴→只保留文本"，效果如图 7-11 所示。

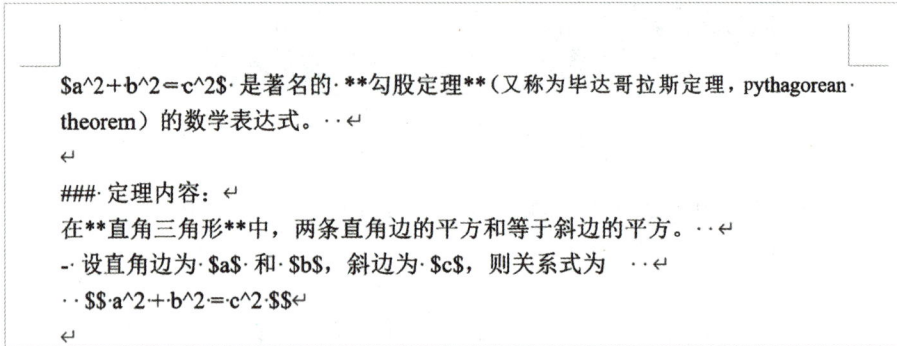

$a^2+b^2=c^2$ 是著名的 **勾股定理**（又称为毕达哥拉斯定理，pythagorean theorem）的数学表达式。

定理内容：
在 **直角三角形** 中，两条直角边的平方和等于斜边的平方。
- 设直角边为 a 和 b，斜边为 c，则关系式为
 $$a^2+b^2=c^2$$

图 7-11　只保留文本

文本之所以看起来有些乱，是因为 DeepSeek 等大模型的输出内容采用的是 Markdown 文本格式，而公式部分采用的是 LaTeX 源码格式。全选文本，点击"Toggle Tex"编译公式，再删除文档中多余的符号，就可以得到一篇格式清晰的回答内容了（图 7-12）。

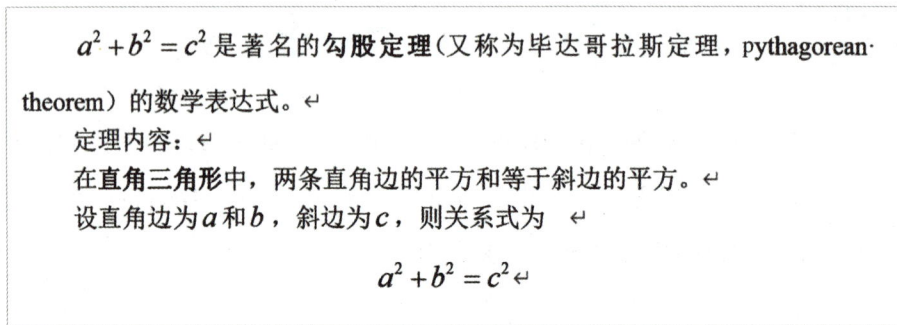

$a^2+b^2=c^2$ 是著名的**勾股定理**（又称为毕达哥拉斯定理，pythagorean theorem）的数学表达式。

定理内容：
在**直角三角形**中，两条直角边的平方和等于斜边的平方。
设直角边为 a 和 b，斜边为 c，则关系式为

$$a^2+b^2=c^2$$

图 7-12　整理后的输出内容

如果要将这些内容输入 DeepSeek，再点击"Toggle Tex"将公式转换为 LaTeX 源码格式。

第8章 将生成的文本转换成语音

使用 DeepSeek 进行外语学习的时候，无论是听力训练，还是口语练习，都离不开文本转语音软件的支持。

8.1 工具选择

目前，文本转语音已经是一项比较成熟的技术，互联网上的相关工具也有很多。本书以"Text To Speech（TTS）"为例，进行语音文件的制作（图8-1）。

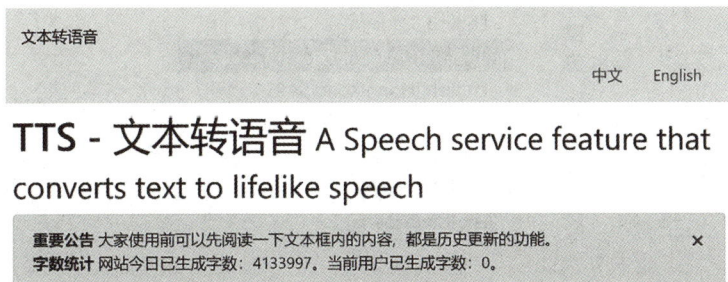

文本转语音

中文　English

TTS - 文本转语音 A Speech service feature that converts text to lifelike speech

重要公告 大家使用前可以先阅读一下文本框内的内容，都是历史更新的功能。　✕
字数统计 网站今日已生成字数：4133997。当前用户已生成字数：0。

图 8-1　TTS

8.2 界面功能介绍

工具首页的左侧是文本输入区域（图 8-2）。

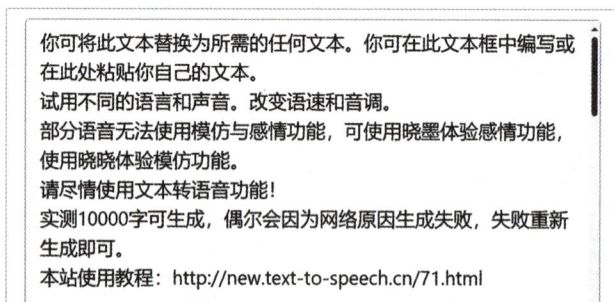

你可将此文本替换为所需的任何文本。你可在此文本框中编写或在此处粘贴你自己的文本。

试用不同的语言和声音。改变语速和音调。

部分语音无法使用模仿与感情功能，可使用晓墨体验感情功能，使用晓晓体验模仿功能。

请尽情使用文本转语音功能！

实测10000字可生成，偶尔会因为网络原因生成失败，失败重新生成即可。

本站使用教程：http://new.text-to-speech.cn/71.html

图 8-2 文本输入框

软件作者将公告放在了文本输入区域，直接删除这段内容即可。

页面右侧是生成设置区域，我们一项项地说。

语言：选择使用的语言，其中可以选择不同的方言进行朗读（图 8-3）。

图 8-3 语言选择

语音：选择用哪个声音朗读文本，有许多预设角色可供选择（图 8-4）。

图 8-4　语音选择

质量：选择最终生成音频的质量（图 8-5）。

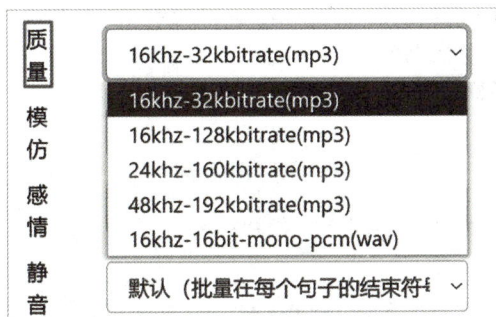

图 8-5　生成质量

模仿：朗读的时候让某个声音做出模仿的姿态。比如，最初我们选择的是一个女性的声音，开启模仿模式就是让这个女性声音去模仿别人说话（图 8-6）。

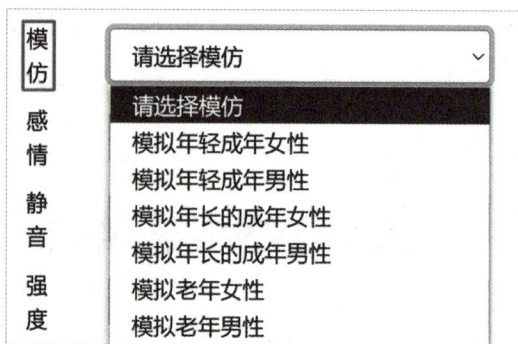

图 8-6　模仿

感情：为文本朗读加入情绪基调（图 8-7）。

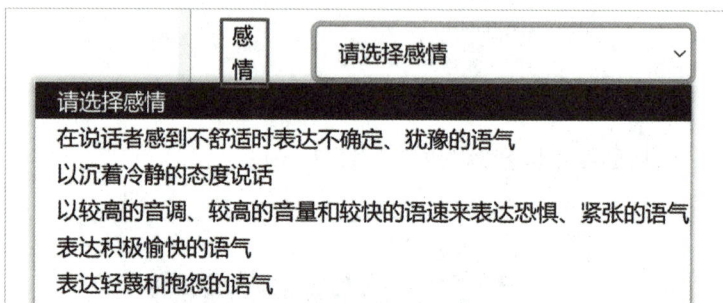

图 8-7　情感选择

静音：选择朗读中的停顿时间（图 8-8）。

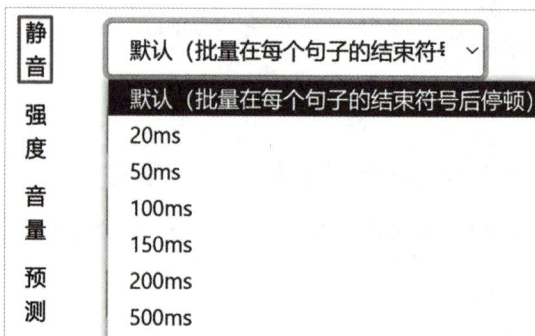

图 8-8　静音停顿

强度：调整朗读情绪的激烈程度（图 8-9）。

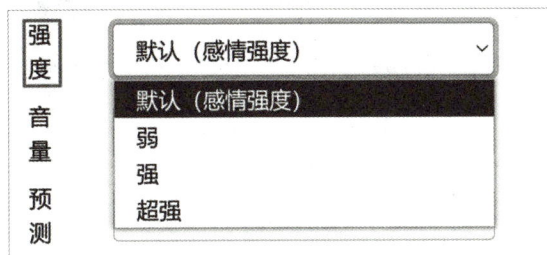

图 8-9 感情强度

音量：调整朗读时的音量大小（图 8-10）。

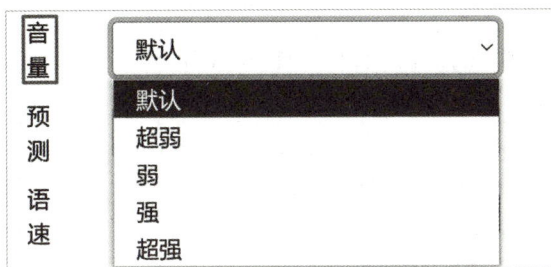

图 8-10 音量调整

预测：让 AI 选择以什么样的状态去朗读文本（图 8-11）。

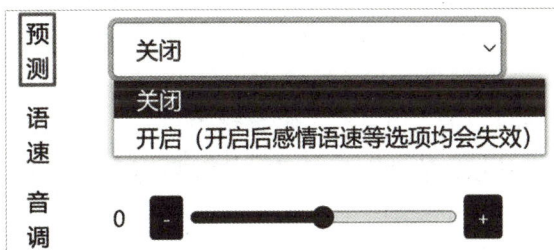

图 8-11 根据文本预测

语速与音调：调整朗读时的语速以及声音的音调（图 8-12）。

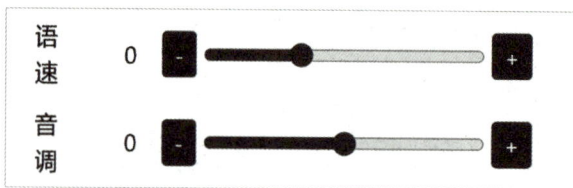

图 8-12　语速与音调

8.3　生成实战

我们将听力材料作为输入文本（图 8-13）。

M: Hey, Sarah! It's been a while since we last met. How have you been?
W: I've been pretty good, Mark. I've been busy with my new job at the coffee shop downtown.
M: That's great! Are you enjoying it?
W: Yes, I am. I love meeting different people and learning how to make various coffee drinks. What about you?
M: I just started taking evening classes to improve my computer skills.
W: That's awesome. Good luck with your classes! Maybe you can show me what you've learned sometime.

图 8-13　输入听力材料

点击"生成"按钮，软件即可根据文本生成音频对话（图 8-14）。

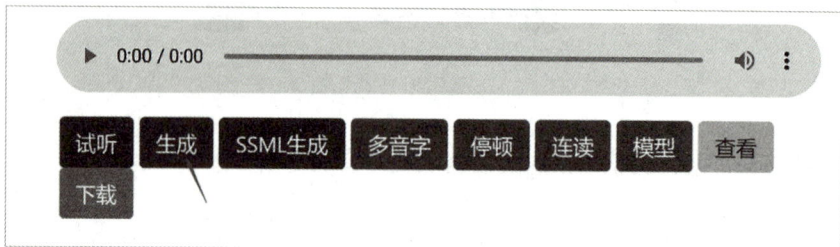

图 8-14　点击生成音频

等待几秒钟，音频文件就生成了，上方的进度条会显示这段音频的总时长。点击下方的"下载"按钮，即可将音频下载至本地（图 8-15）。

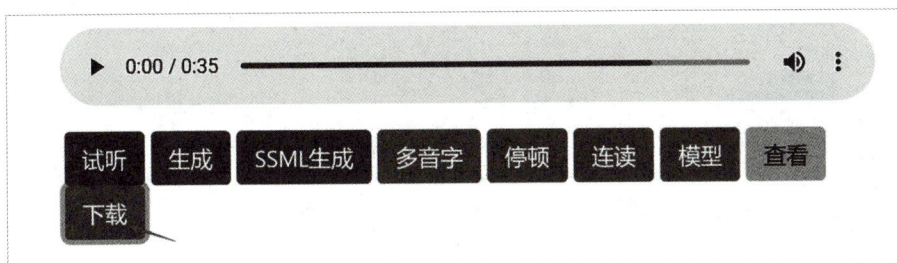

图 8-15　**下载音频**

第 9 章 利用 DeepSeek 快速制作思维导图

思维导图是一种将信息、想法或概念可视化呈现的图形工具。它以核心主题为中心，沿不同分支展现层级与要点，帮助人们快速厘清思路、梳理逻辑、激发创意。本章将介绍如何把 DeepSeek 与思维导图工具结合起来，自动化地生成符合我们需求的思维导图。

9.1 工具介绍

作为示例，本章使用的是一款叫作"Xmind"的思维导图工具（图 9-1）。

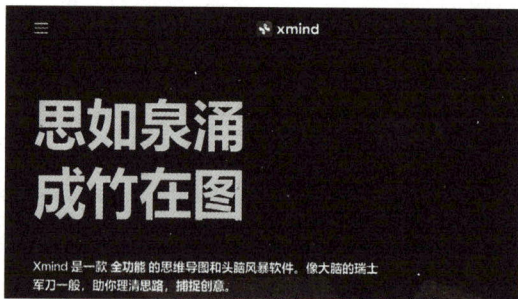

图 9-1　Xmind 首页

工具的选择并没有太多限制，只要自己用着顺手即可。这款工具在使用前需要进行简单的注册，具体过程不再赘述。

一般而言，思维导图工具都支持使用 Markdown 格式的文本直接生成思维导图。Markdown 作为一种轻量级标记语言，能够以简洁清晰的文本格式展现层级与要点。DeepSeek 擅长生成和处理自然语言，因此我们可以通过与 DeepSeek 对话，快速提取需求并将其转换为 Markdown 格式文本。接下来，让我们逐步了解如何操作。

9.2　整理需求与主题

首先我们需要列出主要需求点，让 DeepSeek 了解要展示的主题、层级及要点。下面以一个实际案例加以说明。

假设我们准备策划一次团队建设活动，希望将活动时间、地点、形式、预算、人员安排等核心信息呈现在思维导图中。我们直接将需求输入 DeepSeek。

> 用户：
>
> 帮我梳理一次团队建设活动的思维导图结构，包含"活动名称""时间地点""形式与环节""预算""参与人员"五大要点，具体要求见文档。输出 Markdown 格式，要求层级分明。
>
> DeepSeek：
>
> Markdown
>
> \# 团队建设活动
>
> \#\# 活动名称
>
> 团队凝聚力拓展

```
## 时间地点

时间：2025 年 5 月 15 日（周四）

地点：市郊户外拓展基地

## 形式与环节

待定

## 预算

总预算：××元

## 参与人员

预计参与人员：部门全体员工
```

在这个阶段，我们的目标只是获得一个基本的结构框架，为下一步细化内容打好基础。

9.3　细化主要分支与内容

根据需求以及后续讨论，给 DeepSeek 提供详细的指令，让它为思维导图添加子主题，补充要点信息。

比如，我们需要在"形式与环节"这一要点中增加具体的活动流程，如破冰游戏、户外定向、团队分享、颁奖与总结等。

用户：

在上一步的基础上，帮我把"形式与环节"这部分细化为四个环节，分别是"破冰游戏""户外定向""团队分享""颁奖与总结"，并在 Markdown 中添加相应的子层级。

DeepSeek：

Markdown

```
## 形式与环节

破冰游戏

时间：15 分钟

目的：快速提高员工对团队的熟悉度

户外定向

时间：2 小时

目的：加强团队成员之间的合作与沟通

团队分享

形式：给每人 3 分钟的自由交流时间

目的：分享收获与心得

颁奖与总结

环节设置：为游戏优胜者颁奖

总结：回顾活动亮点
```

通过多轮细化，让思维导图的各个分支都能涵盖更具体、更实用的内容。

9.4　输出最终 Markdown 文本

在完成所有需求整理后，要求 DeepSeek 进行整合与校对，输出完整且清晰的 Markdown 文档，并确保标题、层级、缩进等均正确。

> 用户：
>
> 请你结合上一步的所有改进内容，输出完整的 Markdown 文档。保证整体清晰、层级分明、语法正确。
>
> DeepSeek：
>
> Markdown

团队建设活动

活动名称

团队凝聚力拓展

时间地点

时间：2025 年 5 月 15 日（周四）

地点：市郊户外拓展基地

形式与环节

破冰游戏

时间：15 分钟

目的：快速提高员工对团队的熟悉度

户外定向

时间：2 小时

目的：加强团队成员之间的合作与沟通

团队分享

形式：给每人 3 分钟的自由交流时间

目的：分享收获与心得

颁奖与总结

环节设置：为游戏优胜者颁奖

总结：回顾活动亮点

预算

总预算：××元

参与人员

预计参与人员：部门全体员工

完成后，将此 Markdown 文档复制并保存为本地的文本文档（.txt），然后将文件后缀名改为 .md，制作思维导图的前期准备工作就完成了。

9.5　在 Xmind 中导入 Markdown 文本

在获得 Markdown 文本后，我们就可以利用 Xmind 的"导入"功能，将文本迅速可视化成一张可操作、可编辑的思维导图。进入 Xmind，点击右侧的"新建导图"（图 9-2）。

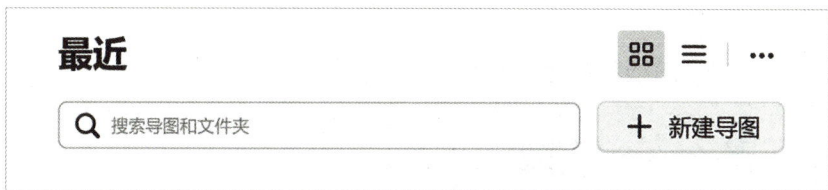

图 9-2　新建导图

在创作页面中找到左上角的菜单按钮，点开后选择下方的"导入文件"选项（图 9-3）。

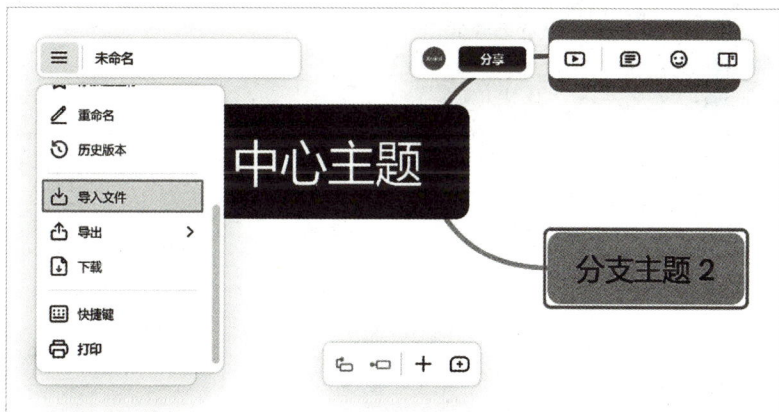

图 9-3　找到"导入文件"

将刚才保存的 Markdown 文件拖进窗口，完成后点击"导入"（图 9-4）。

图 9-4　导入 Markdown 文件

等待片刻，思维导图就制作好了（图 9-5）。

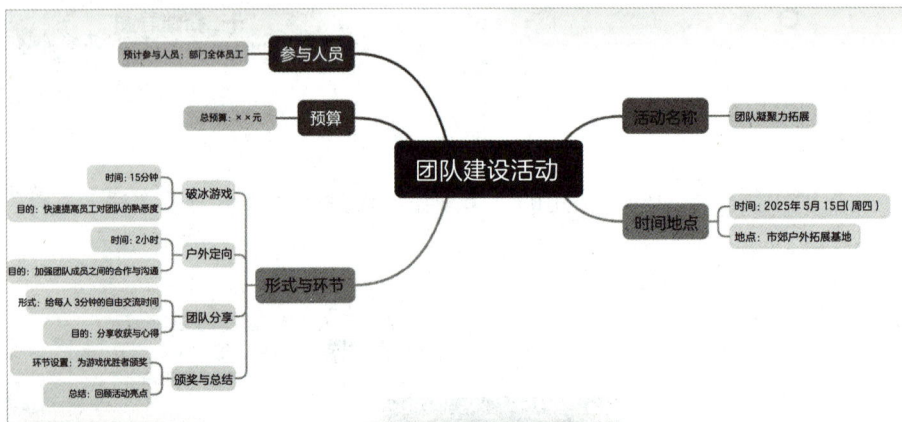

图 9-5　思维导图制作完成

第10章 与 PPT 制作工具的联动

PowerPoint（PPT）演示文稿已经是现代办公不可或缺的沟通媒介。借助 DeepSeek，我们可以快速生成内容框架与文稿初稿，然后结合自动化生成工具，实现演示文稿的可视化与美化。

10.1 工具介绍

与一般 PPT 生成工具稍有不同，我们使用的是 AI 大模型通义千问的内置功能（图 10-1）。

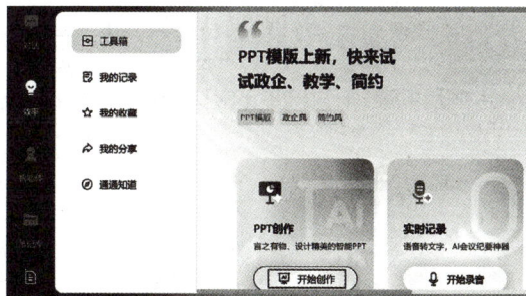

图 10-1 PPT 创作

这个功能在通义千问的"效率"模块中可以找到。

10.2 明确演示主题与大纲

首先我们得明确 PPT 需要传达的核心主题、章节要点，将主题、目标受众、演示环境等信息告诉 DeepSeek，让它先生成一个演示大纲。

> 用户：
>
> 我想制作一个"市场营销策略"PPT，包括"市场分析""目标人群""推广渠道""预算分配"四大部分，请输出一个大纲，每页 PPT 用一句话概括主要内容，格式简洁，条理清晰。
>
> DeepSeek：
>
> （1）封面：主题为"市场营销策略"，展示公司名称、主讲人、日期。
>
> （2）目录：概览主要章节。
>
> （3）市场分析：概括行业背景、竞争对手与市场规模。
>
> （4）目标人群：列出核心用户画像与细分市场。
>
> （5）推广渠道：对比各渠道的优劣势并制订投放计划。
>
> （6）预算分配：罗列各阶段预算分配比例与分配依据。
>
> （7）总结与问答：回顾要点，留出讨论与问答时间。

通过这一轮对话，我们获得了 PPT 的初步结构，能更好地把握内容布局。

10.3　细化每页幻灯片的内容

根据大纲，向 DeepSeek 提出更详细的需求，让其生成标题、要点与可能的配图 / 表格等。

> 用户：
>
> 现在，请为"目标人群"这一项补充 3 ～ 5 条核心关键点，并简要说明为什么要锁定这些用户群。
>
> DeepSeek：
>
> 目标人群：
>
> （1）年轻白领群体：消费意愿强，追求新鲜感。
>
> （2）在校大学生：注重性价比，有一定社交传播意愿。
>
> （3）家庭用户：追求实惠并乐于分享，倾向口碑传播。

有了这些具体的关键点，便无须从头构思，可以直接将其放入 PPT 的对应页面。

10.4　打磨与合并，生成最终文稿

整合大纲与各细分内容，让 DeepSeek 输出一份完整的 PPT 文稿。在前几次输出的基础上，要求 DeepSeek"合并所有要点并按照章节顺序输出文本草稿"。

> 用户：
>
> 请把我们之前讨论的所有内容整合成一个 PPT 初稿，清晰列出每

张幻灯片的主要内容、标题和关键点。

DeepSeek：

【封面】

标题：市场营销策略

副标题：公司名称、主讲人、日期

【目录】

市场分析

目标人群

推广渠道

预算分配

总结与问答

【市场分析】

行业概览：⋯⋯

竞争对手：⋯⋯

市场规模：⋯⋯

⋯⋯

至此，我们已经拥有了一个章节明确、文本内容完整的演示文稿，后续只需微调。

10.5　生成 PPT

现在进入 PPT 生成环节。在 PPT 创作页面，将我们获得的演示文稿输入对话框中，并选择一个合适的 PPT 模板（图 10-2）。

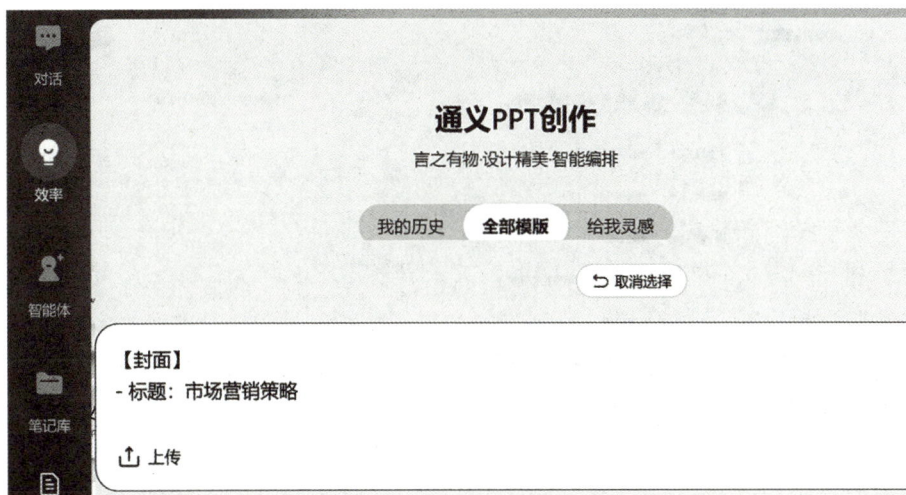

图 10-2　输入 PPT 结构文稿

完成后按回车键发送，等待工具生成 PPT 大纲（图 10-3）。

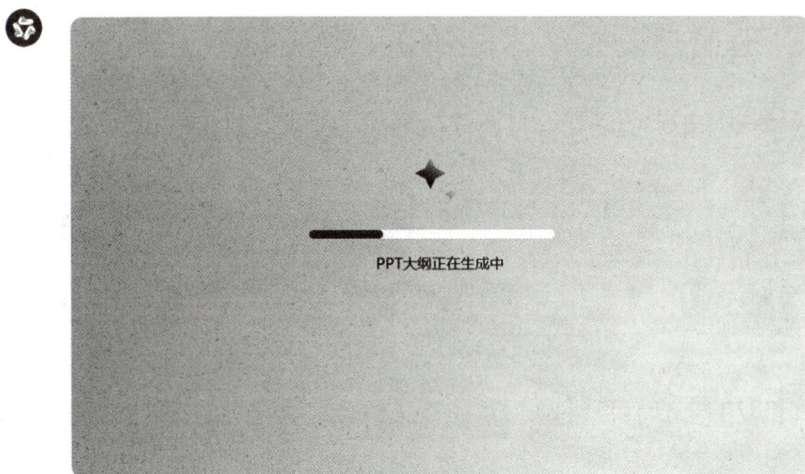

图 10-3　等待生成 PPT 大纲

　　如图 10-4 所示，如果有不合适的地方，我们可以在这一步调整 PPT 的大纲，调整完成后点击"下一步"。

图 10-4　调整大纲

这样我们便得到了一个完整的 PPT 演示稿（图 10-5）。

图 10-5　PPT 成品

后 记

　　随着本书的撰写渐入尾声，笔者越发深刻地感受到人工智能时代前所未有的活力与潜能。在探究 DeepSeek 的过程中，笔者不仅致力于呈现其在办公、学习、生活等领域的应用价值，也试图以更广阔的视角向读者展示大语言模型如何改变我们的思考方式和创作方式。DeepSeek 的强大，不仅在于它具备自然语言理解与生成能力，还在于它所折射出的跨学科融合与未来技术演进方向。

　　回顾全书，采用从入门到精通的循序渐进式结构，源于一种朴素的愿望：帮助每一位读者以最自然、最直观的方式，逐步掌握 DeepSeek 的使用技巧与核心原理。对于初次接触 AI 工具的人来说，大语言模型既新奇又稍显神秘；对于已经对 AI 工具有一定了解的进阶者来说，如何更好地理解、管理和提升工具的应用成效，是他们面临的重要议题。因此，本书尝试在前半部分提供上手指引和案例演示，让读者迅速获得"敢用、会用"的信心，在后半部分深入探讨更复杂的场景、进阶技巧及跨工具联动，帮助读者在"用好"的基础上，进一步向"用精"迈进。

　　在整个写作过程中，笔者不断与业内专家、学者以及一线实践者进行交流，他们的启发与指导使本书的内容更加丰富。无论是利用 DeepSeek 的数学表达能力、文本转语音功能，还是让 DeepSeek 制作思维导图与 PPT，都凝聚了众多学科的经验与智慧。本书始终坚持用通俗易懂的语言，力求打破 AI 与普通用户之间的鸿沟，让更多人能够深入了解并乐于使用最新的 AI 工具。

当然，任何技术都不可能一蹴而就、一成不变，DeepSeek 也处在飞速迭代与持续更新的进程中。本书对 DeepSeek 的探讨，仅代表目前阶段所积累的经验与思考。随着算法的不断完善、算力的进一步提高，以及更多领域的交叉与融合，DeepSeek 及其他新兴 AI 工具将在更广阔的舞台上大放异彩。或许在不久的将来，DeepSeek 会拥有更灵活的对话模式、更准确的理解能力以及更丰富的生成模态，为人们的工作和生活创造更多的可能性。

对于本书尚不完善的部分，笔者真诚地期待您的批评与指正。学无止境，唯有不断接受反馈、试错与反思，笔者才能在未来的修订中，进一步完善对 DeepSeek 的阐释，并探索更多实践方式。欢迎各行各业的专家、学者、开发者、用户与笔者携手，为大语言模型的发展提供新的思路和力量。

最后，由衷地感谢所有参与本书创作与审校工作的团队成员、专家、学者以及关心并支持本书的读者。正是你们的热情与信任，赋予了本书更加鲜活而充实的内涵。希望通过本书，读者能以全新的眼光看待 AI 技术，学会与 DeepSeek 携手，在高速变化的时代中保持敏捷与创造力。愿本书成为您探索 AI 世界的起点，也愿 DeepSeek 成为您未来创新之路上的得力伙伴。让我们共同拥抱 AI 所带来的机遇与挑战，以更开放的心态和更坚定的步伐，迈向广阔而未知的未来。